全国高等院校水利水电类精品规划教材

计算机辅助设计上机实验指导

(土建、水利类专业适用)

主　编　王彦惠
副主编　张　梅　杨玉艳
主　审　李蔼铿

黄河水利出版社
·郑州·

内 容 提 要

本实验指导共包括 15 个实验，实验内容的选择及安排与教材完全同步，其中实验一、实验二、实验三、实验六、实验七、实验八、实验十二、实验十三适用于所有专业；实验四、实验十四适用于土建类专业(包括土木、房建、给水排水等)；实验五、实验十一、实验十五适用于水利类专业；实验九适用于土木、房建等专业；实验十适用于给水排水专业。

本书除可作为高校水利、水电、建筑、土木工程、给水排水及相关专业的实践环节用书外，还可作为高职、高专、社会培训以及从事建筑、水利、给水排水等工作人员的上机实践用书，当然也可供 AutoCAD 爱好者参考使用。

图书在版编目(CIP)数据

计算机辅助设计上机实验指导 / 王彦惠主编. —郑州：黄河水利出版社，2018.2 修订重印
全国高等院校水利水电类精品规划教材
ISBN 978-7-80734-528-2

Ⅰ.计… Ⅱ.王… Ⅲ.计算机辅助设计-高等学校-教学参考资料 Ⅳ.TP391.72

中国版本图书馆 CIP 数据核字(2009)第 000884 号

策划组稿：李洪良 电话：0371-66026352 E-mail:hongliang0013@163.com

出 版 社：黄河水利出版社

地址：河南省郑州市顺河路 49 号黄委会综合楼 14 层 邮政编码：450003

发行单位：黄河水利出版社

发行部电话：0371-66026940、66020550、66028024、66022620(传真)

E-mail：hhslcbs@126.com

承印单位：河南承创印务有限公司

开本：787 mm×1 092 mm 1 / 16

印张：8.5

字数：196 千字

版次：2009 年 1 月第 1 版 印次：2018 年 2 月第 3 次印刷

定价：12.00 元

出版者的话

随着2011年中央1号文件《中共中央 国务院关于加快水利改革发展的决定》的发布和中央水利工作会议的召开,水利作为国家基础设施建设的优先领域迎来了前所未有的黄金期。到2015年全国水利投资总额达1.8万亿元,到2020年,水利投资达4万亿元。据《第一次全国水利普查公报》,截至2011年12月31日,全国堤防总长度为413 679公里(其中5级及以上在建堤防长度为7 963公里),共有水库98 002座(其中在建水库756座),共有水电站46 758座(其中在建水电站1 324座)。水利水电工程的大规模建设对设计、施工、运行管理等水利水电专业人才的需求也更为迫切,如何更好地培养适应现今水利水电事业发展的优秀人才,成为水利水电专业院校共同面临的课题。作为水利水电行业的专业性科技出版社,我社长期关注水利水电学科的建设与发展,并积极组织水利水电类专著与教材的出版。

在对水利水电类本科层次教材的深入了解中,我们发现,以应用型本科教学为主的众多水利水电类专业院校普遍缺乏一套完整构建在校本科生专业知识体系又兼顾实践工作能力的教材。在广泛调研与充分征求各课程主讲老师意见的基础上,按照高等学校水利学科专业教学指导委员会对教材建设的指导精神与要求,并结合教育部实施的多层次建设、打造精品教材的出版战略,我社组织编写了本系列"全国高等院校水利水电类精品规划教材"。

此次规划教材的特点是:

(1)以培养水利水电类应用型人才为目标,充分重视实践教学环节。

(2)在依据现有的专业规范和课程教学大纲的前提下,突出特色,力求创新。

(3)紧扣现行的行业规范与标准。

(4)基本理论与工程实例相结合,易于学生接受与理解。

本系列教材除了涵盖传统专业基础课及专业课外,还补充了多个新开课程的教材,以便于学生扩充知识与技能,填补课堂无合适教材可用的空缺。同时,部分教材由工程技术人员或有工程设计施工从业经历的老师参与编写,也是此次规划教材的创新。

本系列教材的编写与出版得到了全国21所高等院校的鼎力支持,特别是三峡大学原党委书记刘德富教授和华北水利水电大学副校长刘汉东教授对系列教材的编写与出版给予了精心指导,有效保证了教材出版的整体水平与质量。在此对推进此次规划教材编写与出版的各院校领导和参编老师致以最诚挚的谢意,是他们在编审过程中的无私奉献与辛勤工作,才使得教材能够按计划出版。

"十年树木,百年树人",人才的培养需要教育者长期坚持不懈的努力,同样,好的教材也需要经过千锤百炼才能流传百世。本系列教材的出版只是我们打造精品专业教材的开始,希望各院校在对这些教材的使用过程中,提出改进意见与建议,以便日后再版时不断改正与完善。

黄河水利出版社

全国高等院校水利水电类精品规划教材

编 审 委 员 会

前言

随着计算机技术在各行业的普及应用，人类的思维方式发生了巨大变革。工程设计也由传统的设计方式转换为计算机辅助设计方式。

AutoCAD 作为计算机辅助设计课程的主要教学软件，如何突出其实用性无疑是一个重要的教学理念。上机实验、实习是掌握其应用的最有效手段和方法，一本得心应手的上机实验指导书，对计算机辅助设计课程的教学是十分必要的，在大力提倡高校教材(含实验、实习教材)建设的今天更显得尤为突出。

本书在实验内容的选择及安排上与教材完全同步，共设计实验 15 个。考虑到不同学校、不同专业、不同课时的教学实际，每个实验所包含图形数量都略多于本书建议学时的要求，以便于教师根据具体情况选择适当的图形进行教学，同时也为程度较好的学生提供了合适的练习题目。

为了在绘图过程中能够及时、方便地查阅各专业的制图国家标准、AutoCAD 中的常用命令及系统变量，在本实验指导书中，特安排了三个附录。

另外，为防止上机过程中出现死机等意外情况，在每个实验的最后，我们都做了友好提示，提醒同学们注意及时存盘，以将损失降为最低。

各实验与教材对应章节及实验教学时数分配建议如下(总实验学时为 20+1~2 周实习)。

各实验与教材对应章节及实验学时数分配表

实验编号	教材章节	上机时数
实验一	绪论、第一章、第二章	2
实验二	第三章	2
实验三、实验四或实验五	第四章	3
实验六、七、八	第五章、第六章、第七章	3
实验九或实验十或实验十一	第八章	6
实验十二	第九章、第十章	2
实验十三	第十一章	(2)
实验十四或实验十五	上机实习	1~2 周
	考试	2

注： 1. 表中学时分配仅做参考，各学校可根据教学实际合理调整教学时数；
2. 总实验学时 20，包括 18 学时上机实验和 2 学时上机考试；
3. 加括号处为选修。

参加本书编写的有河北农业大学王彦惠(前言、实验三、实验四、实验九、实验十、附录Ⅰ)，沈阳农业大学杨玉艳(实验一、附录Ⅲ)，河北农业大学张梅(实验二、附录Ⅱ)，河北农业大学吴鑫淼(实验五、实验十一、实验十五)，内蒙古农业大学乌云(实验六、实验八)，内蒙古农业大学苏日娜(实验七)，河北农业大学王烨(实验十二、实验十三)，华北电力大学蔡震(实验十四)。王彦惠任主编并负责统稿，张梅、杨玉艳任副主编，由中国农业大学李蔼铿教授担任主审。

由于时间紧迫，加上编者水平有限，不妥之处在所难免，恳请各位读者批评指正。

编　者

2008 年 8 月

目　录

实验一 精确绘图入门

一、上机时数、与教材对应章节及适用专业

2 学时；绪论、第一、第二章；所有专业。

二、实验目的

(1)掌握点坐标的输入方法；
(2)掌握对象捕捉功能，并能熟练应用；
(3)掌握辅助绘图工具(栅格、捕捉、正交等)，并能熟练应用。

三、实验内容

(1)根据图形 *ABCDEFGH* 各点的坐标，利用 Line 命令绘制该图形，如图 1-1 所示。已知各点坐标：*A*(100，50)，*B*(200，50)，*C*(230，80)，*D*(270，50)，*E*(260，100)，*F*(180，130)，*G*(120，140)。

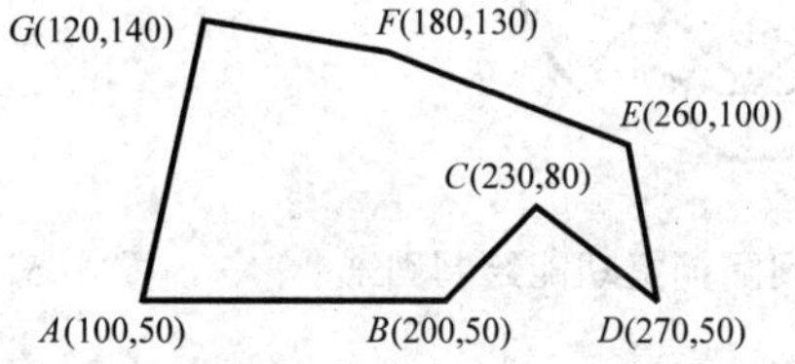

图 1-1 利用绝对直角坐标绘制图形

(2)利用相对坐标方式输入数据完成如图 1-2 所示各图形的绘制。

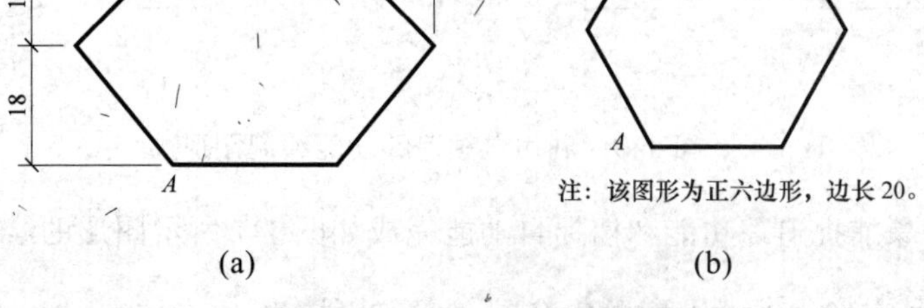

图 1-2 利用相对坐标绘制图形

(3)利用对象捕捉功能完成如图 1-3 所示图形的绘制。

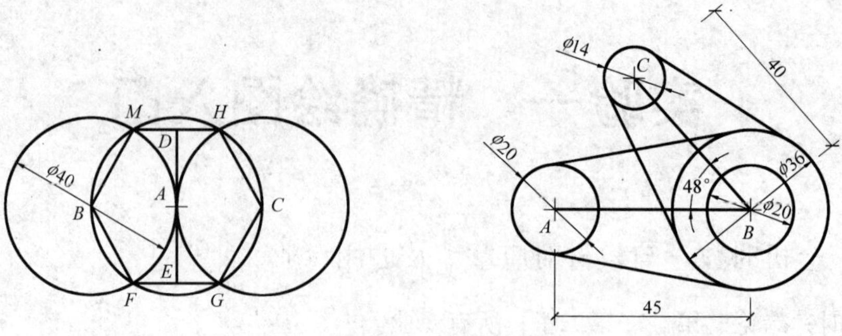

(a)　(b)

图 1-3　利用对象捕捉功能绘制图形

(4)利用栅格及间隔捕捉功能完成如图 1-4 所示图形的绘制，其余各圆直径均为 10。栅格间距及捕捉间距均设置为 5。

(5)利用正交功能，并结合对象捕捉功能完成如图 1-5 所示图形的绘制。

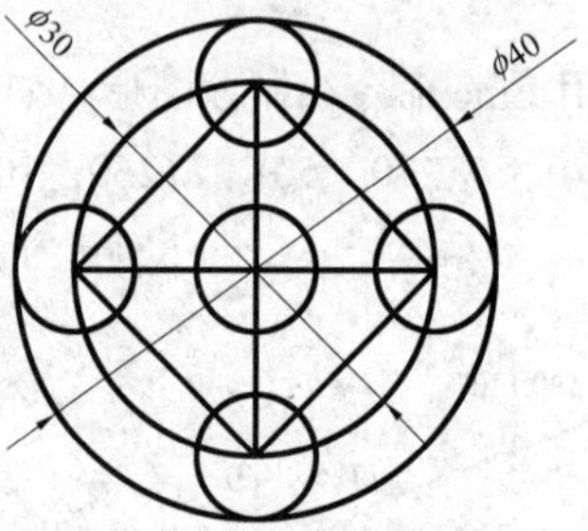

图 1-4　利用栅格及间隔捕捉功能绘制图形

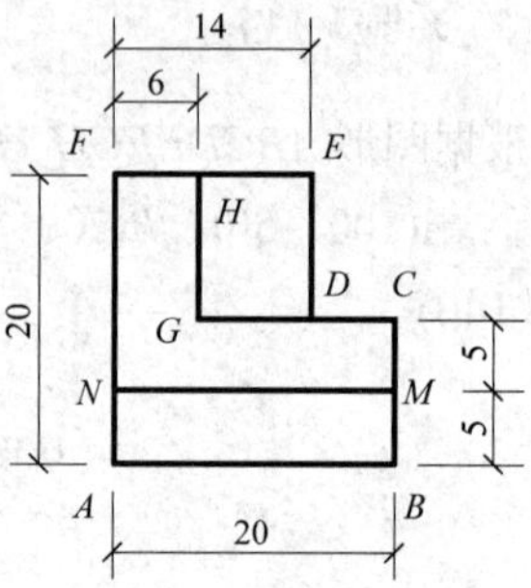

图 1-5　利用正交功能绘制图形

(6)利用极轴追踪功能，完成如图 1-6 所示图形的绘制。

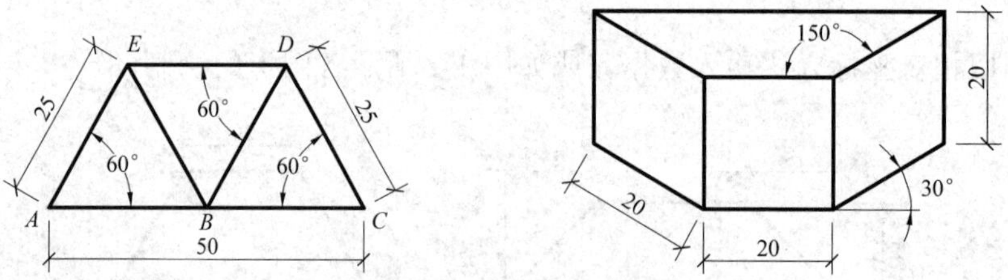

(a)　(b)

图 1-6　利用极轴追踪功能绘制图形

(7)利用对象捕捉追踪功能和捕捉自功能完成如图 1-7 所示图形的绘制。

四、与本实验相关的主要命令及主要功能键

(1)命令：Line(L——直线)；Circle(C——圆)；Rectang(Rec——矩形)；Osnap(设置对象自动捕捉模式)；Snap(捕捉)；Ortho(正交)。

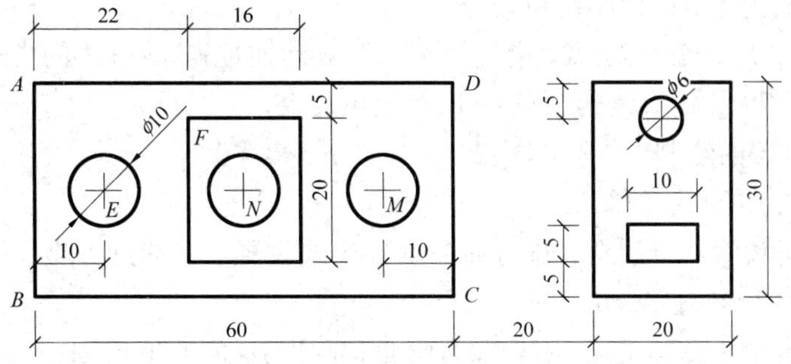

图 1-7　利用对象捕捉追踪功能和捕捉自功能绘制图形

(2)功能键：F3(对象自动捕捉切换)；F7(栅格显示切换)；F9(间隔捕捉切换)；F8(正交模式切换)；F10(极轴追踪切换)；F11(对象捕捉追踪切换)。

五、实验步骤

(1)利用 New 命令创建新图形文件。

采用“无样板打开——公制”的形式创建新图形文件，然后利用所有的默认设置按下述步骤绘制各图形。

(2)利用 Line 命令绘制如图 1-1 所示的图形。

输入命令后，命令提示“指定第一点”，输入点 *A* 坐标并回车；提示“指定下一点”，输入点 *B* 坐标并回车……至输入点 *G* 坐标后，提示“指定下一点”，再次输入点 *A* 坐标并回车；提示“指定下一点”；回车结束命令。

(3)利用 Line 命令绘制如图 1-2 所示的图形。

如图 1-2(a)所示，输入命令后，在命令提示“指定第一点”时鼠标拾取点确定第一点 *A* 的位置；提示“指定下一点”输入“@25,0”并回车；提示“指定下一点”输入“@15,18”并回车……依次输入完成图形的绘制(用相对坐标方式输入数据，注意判断下一点相对上一点的坐标增量的变化)。如图 1-2(b)所示，输入命令后，在命令提示“指定第一点”时鼠标拾取点确定第一点 *A* 的位置；提示“指定下一点”输入“@20<0”并回车；提示“指定下一点”输入“@20<60”并回车……依次进行输入完成图形的绘制(用相对极坐标方式输入数据，注意判断上一点和下一点的连线与 *X* 坐标轴正方向的夹角)。

(4)利用对象捕捉功能绘制如图 1-3 所示的图形。

• 绘制图 1-3(a)所示的图形。

打开“草图设置”对话框，进行对象捕捉模式设置，将端点、中点、交点、圆心、象限点设置为捕捉模式。可用功能键 F3 实现对象自动捕捉功能开关切换。

利用 Circle 命令，画出直径 40 的圆，其圆心为点 *A*。

利用 Circle 命令，捕捉点 *B*(象限点)为圆心，画出直径为 40 的圆。

利用 Circle 命令，捕捉点 *C*(象限点)为圆心，画出直径为 40 的圆。

输入 L 命令后，命令提示“指定第一点”自动捕捉点 *F*(交点)；提示“指定下一点”自动捕捉点 *G*(交点)……提示“指定下一点”自动捕捉点 *B*(象限点或圆心)；提示“指定下一点”自动捕捉点 *F*；回车结束命令。

输入 L 命令后，命令提示“指定第一点”自动捕捉点 *D*(直线的中点)；提示“指定下一点”自动捕捉点 *E*(直线的中点)；回车结束命令。

完成图 1-3(a)的绘制。

• 绘制图 1-3(b)所示的图形。

打开“草图设置”对话框，进行对象捕捉模式设置，将端点、圆心设置为捕捉模式。

利用 L 命令绘制直线 *AB*、*BC*。

利用 Circle 命令，捕捉点 *A*(端点)为圆心，画出直径为 20 的圆。

利用 Circle 命令，捕捉点 *B*(端点)为圆心，画出直径为 20 的圆。

利用 Circle 命令，捕捉点 *B*(端点)为圆心，画出直径为 36 的圆。

利用 Circle 命令，捕捉点 *C*(端点)为圆心，画出直径为 14 的圆。

打开“草图设置”对话框，进行对象捕捉模式设置，只将切点设置为捕捉模式。

利用 L 命令绘制各切线。完成如图 1-3(b)所示图形的绘制。

(5)利用栅格及间隔捕捉功能完成如图 1-4 所示图形的绘制。

打开“草图设置”对话框，进行栅格和捕捉的设置，栅格间距及捕捉间距均设置为 5。打开栅格和捕捉功能。可用功能键 F7 实现栅格显示功能开关切换，可用功能键 F9 实现捕捉功能开关切换。如图 1-4 所示，先利用 Circle 命令，自动捕捉栅格点作为圆心画出直径为 40 的圆；然后利用 Circle 命令，自动捕捉栅格点作为圆心画出其他各圆；最后利用 Line 命令，绘制各直线。

(6)利用正交功能完成如图 1-5 所示图形的绘制。

打开正交功能。将端点、中点、垂足设置为捕捉模式。可用功能键 F8 实现正交功能开关切换，如图 1-5 所示，输入 L 命令后，在命令提示“指定第一点”时鼠标拾取点确定第一点 *A* 的位置；提示“指定下一点”光标向右拖动，输入 20 并回车，确定点 *B* 的位置；提示“指定下一点”光标向上拖动，输入 10 并回车，确定点 *C* 的位置……

(7)利用极轴追踪功能完成如图 1-6 所示图形的绘制。

打开“草图设置”对话框，在“极轴追踪”选项卡中，将增量角设置为 30°，打开极轴追踪功能。可用功能键 F10 实现极轴追踪功能开关切换。如图 1-6(a)所示，输入 L 命令后，在命令提示“指定第一点”时鼠标拾取点确定第一点 *A* 的位置；提示“指定下一点”光标向右拖动追踪到 0° 后，输入 50 并回车，确定点 *C* 的位置；提示“指定下一点”光标向左上方拖动追踪到 120° 后，输入 25 并回车，确定点 *D* 的位置……

图 1-6(b)的绘制方法，请读者自行分析。

(8)利用对象捕捉追踪功能、捕捉自功能完成如图 1-7 所示图形的绘制。

如图 1-7 所示，利用 Rectang 命令，画出矩形 *ABCD*。

打开对象捕捉追踪功能。可用功能键 F11 实现对象捕捉追踪功能开关切换。

执行 Circle 命令，在提示“指定圆的圆心”时，光标捕捉到 *AB* 的中点向右拖动水平对齐，出现对象捕捉追踪辅助线方向提示时输入 10 并回车确定圆心的位置，接着输入半径 5 并回车，画出直径为 10 的圆，其圆心在点 *E*。用同样的方法画出圆心在点 *M* 的圆和圆心在点 *N* 的圆。对于圆心在点 *N* 的圆也可以追踪沿 *AB* 的中点进行水平对齐和沿

CD 的中点进行竖直对齐的交点，确定圆心位置画出该圆。

利用捕捉自功能绘出 16×20 的矩形。执行 Rectang 命令，提示“指定第一个角点”时单击“捕捉自”图标，出现“_from 基点”提示，捕捉点 *A* 后提示“<偏移>”输入“@22，–5”并回车，确定点 *F* 的位置，继续完成该矩形的绘制……至完成全部图形。

(9)单击按钮，保存“CAD 实验.dwg”文件。

友好提示：为了防止出现死机等意外情况，应注意及时存盘，将损失降为最低。

实验二　绘制简单二维图形

一、上机时数、与教材对应章节及适用专业

2 学时；第三章；所有专业。

二、实验目的

(1)掌握利用 Zoom(Z)、Pan(P)、Regen(Re)命令对图形进行显示控制的方法；
(2)掌握利用 Line(L)命令绘制直线的方法；
(3)掌握利用 Circle(C)、Arc(A)命令绘制圆及圆弧的方法；
(4)掌握利用 Ellipse(El)命令绘制椭圆及椭圆弧的方法；
(5)掌握利用 Rectang(Rec)及 Polygon(Pol)命令绘制矩形及正多边形的方法；
(6)掌握利用 Move(M)、Copy(Co 或 Cp)命令对图形进行移动和复制的方法；
(7)掌握利用 Offset(O)命令对图形进行偏移的方法；
(8)掌握利用 Mirror (Mi)命令对图形进行镜像的方法；
(9)掌握利用 Fillet(F)命令对图形进行倒圆角的方法；
(10)掌握利用 Trim(Tr)命令对图形进行修剪的方法；
(11)掌握利用 Extend(Ex)命令对图形进行延伸的方法；
(12)掌握利用 Explode(X)命令对图形进行分解的方法。

三、实验内容

合理利用所学命令，按给定尺寸绘制图 2-1 ~ 图 2-10 所示的平面图形。

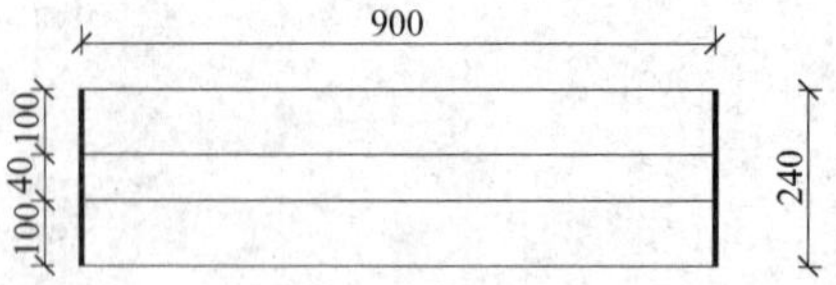

图 2-1　240 窗户

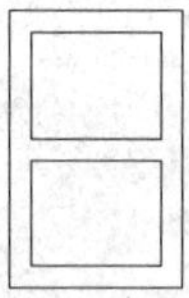
图 2-2　排风道

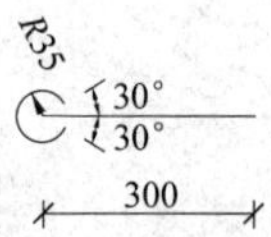

图 2-3　淋浴喷头

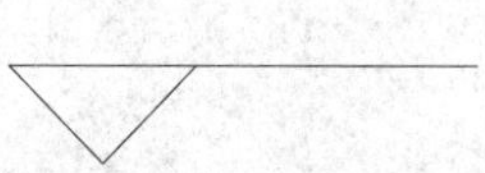
图 2-4　建筑图用标高符号

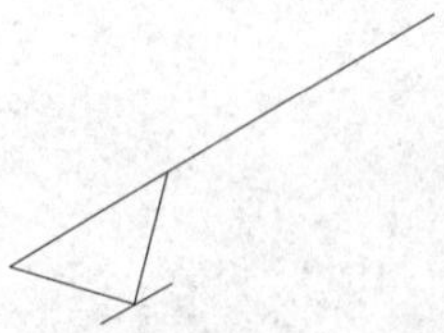
图 2-5　给排水系统图用标高符号

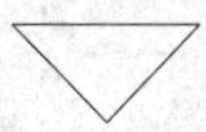
图 2-6　水工图用标高符号

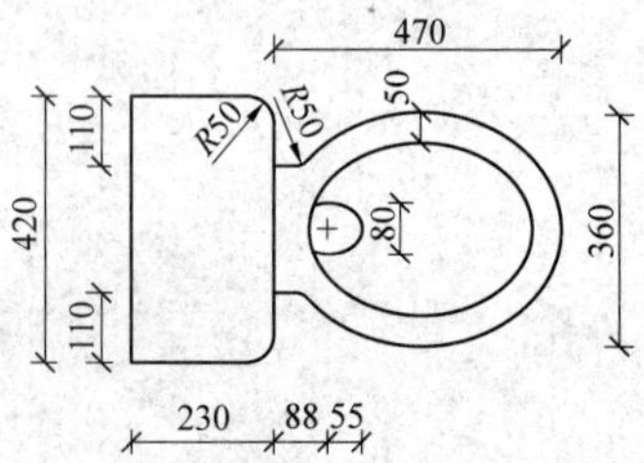

图 2-7　坐便器

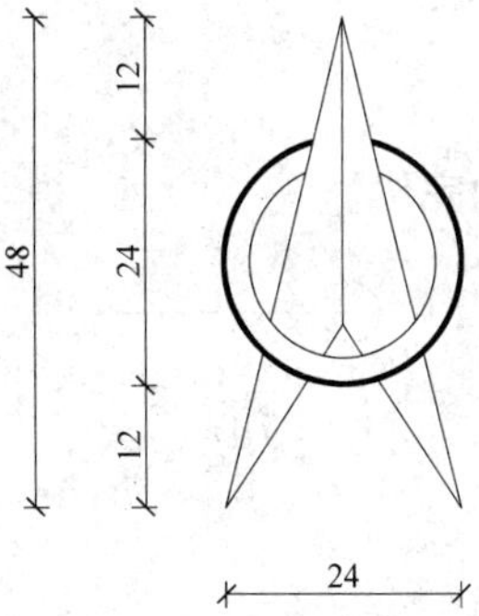

图 2-8　水工用指北针

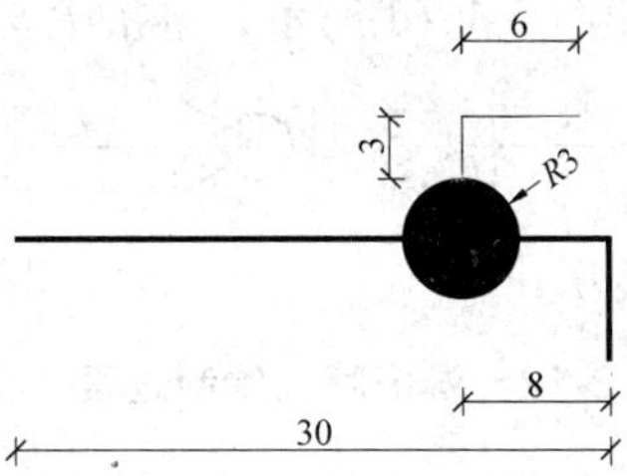

图 2-9　水龙头

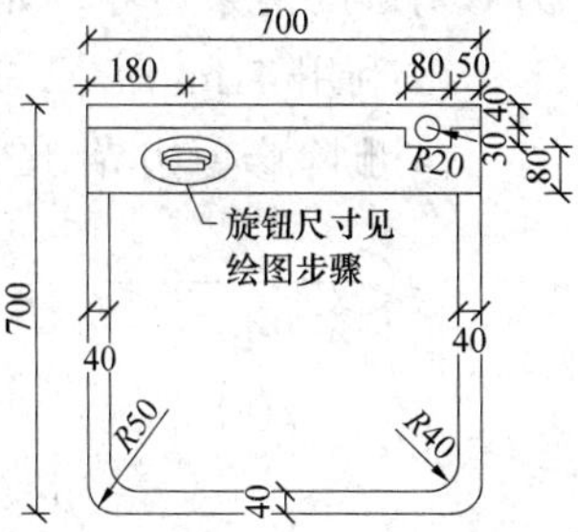

图 2-10　洗衣机

四、与本实验相关的主要命令

Line(L——直线)；Circle(C——圆)；Arc(A——圆弧)；Ellipse(El——椭圆，椭圆弧)；Rectang(Rec——矩形)；Polygon(Pol——正多边形)；Move(M——移动)；Copy(Co 或 Cp——复制)；Offset(O——偏移)；Mirror(Mi——镜像)；Fillet(F——圆角)；Scale(Sc——变比)；Trim(T——修剪)；Extend(Ex——延伸)；Explode(X——分解)。

五、实验步骤

(一)打开文件

打开实验一存盘后的“CAD 实验.dwg”文件；

(二)图 2-1 绘制步骤

(1)调用 Line 命令，在屏幕的适当位置确定点 *A*，利用相对坐标确定点 *B*，生成图 2-11(a)；

(2)调用 Offset 命令，将直线 *AB* 向下进行偏移，偏移距离分别为 100、40、100，偏移结果如图 2-11(b)所示；

(3)调用 Line 命令，将 240 窗户的两端封口(该两条线应为粗实线，本次实验采用默认线型绘制，可在后续实验中再做修改)，结果如图 2-11(c)所示。

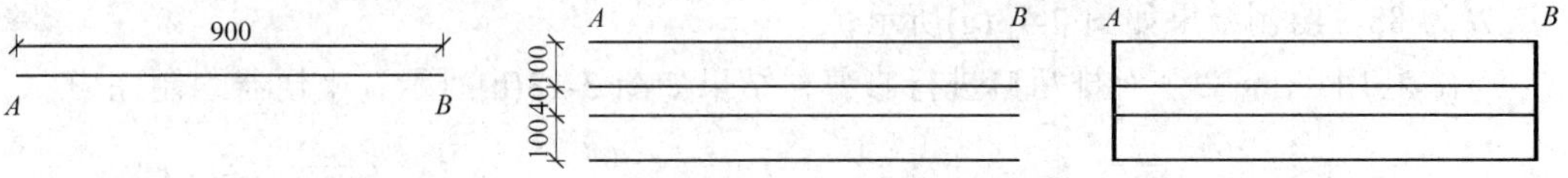

图 2-11　240 窗绘制过程

(三)图 2-2 排风道绘制步骤

排风道的具体绘制过程参见教材第三章。

(四)图 2-3 淋浴喷头绘制步骤

(1)利用 Circle 命令绘制半径为 35 的圆 *A*，自圆心 *A* 绘制水平向右、长度为 300 的直线 *AB*，如图 2-12(a)所示；

(2)自圆心 *A* 分别绘制与水平线夹角为 30º和–30º的直线 *AC*、*AD*，其长度适当，作为修剪圆的两条边界，如图 2-12(b)所示；

(3)利用 Trim 命令，对圆 A 进行修剪，结果如图 2-12(c)所示；

(4)删除修剪边界 AC、AD，如图 2-12(d)所示，淋浴喷头绘制完毕。

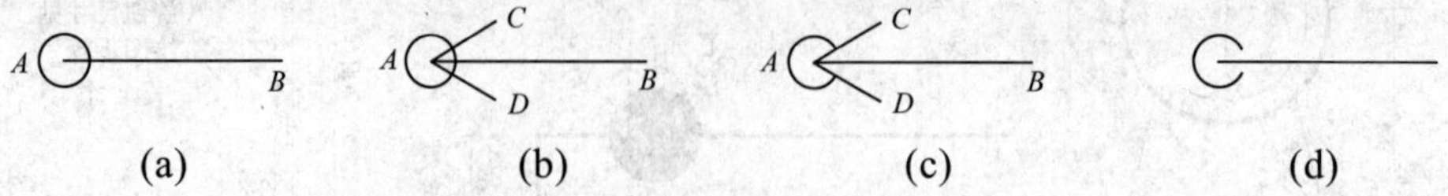

图 2-12　淋浴喷头绘制过程

(五)图 2-4 ~ 图 2-6 的绘制步骤

图 2-4 建筑图用标高符号的绘制过程参见教材；

图 2-5 给排水系统图用标高符号的绘制与图 2-4 类似，只是在绘制过程中相当于图 2-4 逆时针旋转 45º(可将“极轴追踪”中的“增量角”设置为 45º)，尺寸与图 2-4 相同，其最下面短横线长度为 3；

图 2-6 水工图用标高符号为图 2-4 中的三角形部分,其尺寸与图 2-4 对应部分尺寸相同。

(六)图 2-7 坐便器绘制步骤

(1)绘制 420 × 230 的矩形作为坐便器水箱，并利用 Fillet 命令倒圆角，圆角半径为 50，结果如图 2-13(a)所示；

(2)利用 Ellipse 命令绘制坐便器外轮廓椭圆 A，长、短轴分别为 470、360，其中椭圆长轴的左端点与坐便器长边中点 B 重合，如图 2-13(b)所示；

(3)利用 Offset 命令将步骤(2)中的椭圆向内偏移 50，形成坐便器的内边缘椭圆 C，结果如图 2-13(c)所示；

(4)作辅助线用于连接坐便器外轮廓椭圆与水箱。绘制水平直线 1 和直线 2，该两直线距离坐便器水箱上下两条边的距离为 110，直线长度为 250，结果如图 2-13(d)所示；

(5)利用 Fillet 命令将直线 1 和直线 2 与椭圆 A 倒圆角，圆角半径为 50，如图 2-13(e)所示；

(6)利用 Trim 命令将直线 1、直线 2 进行修剪，修剪结果如图 2-13(f)所示；

(7)利用 Ellipse 命令绘制坐便器排污口。椭圆长短轴分别为 110、80，椭圆中心距离点 B 为 88，绘制结果如图 2-13(g)所示；

(8)利用 Trim 命令对排污口进行修剪，结果如图 2-13(h)所示，坐便器绘制完毕。

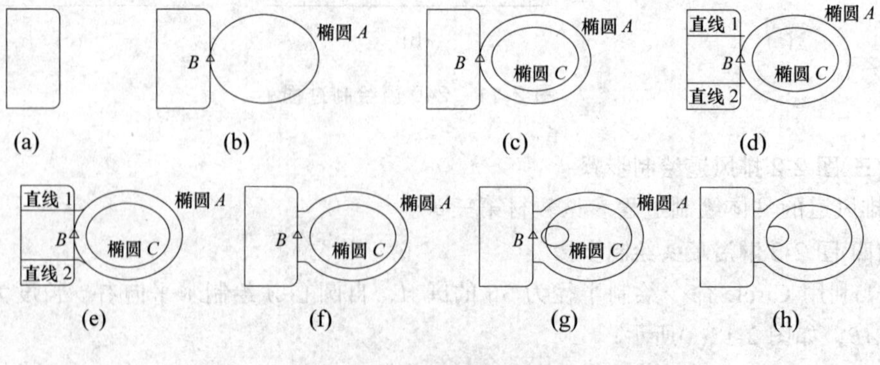

图 2-13　坐便器绘制过程

(七)图 2-8 水工用指北针绘制步骤

(1)综合运用 Circle、Offset 命令绘制三个同心圆,直径分别为 48、24、19,如图 2-14(a)所示;

(2)利用 Line 命令绘制外圆的竖直直径 *AB*,过点 *B* 绘制长为 12 的水平直线 *BC*,过 *C* 点作直线 *CD*,点 *D* 位于直径 *AB* 上,且距点 *B* 约为直径 *AB* 长度的 0.4 倍,如图 2-14(b)所示;

(3)删除最外大圆,并将直线 *AC*、*CD* 进行镜像,镜像中心线为直线 *AB*,结果如图 2-14(c)所示;

(4)利用 Trim 命令,正确选择修剪边界及修剪对象,并将直径为 24 的圆的线型设置为粗实线(线型设置可在后续实验中完成),结果如图 2-14(d)所示,图形绘制完毕。

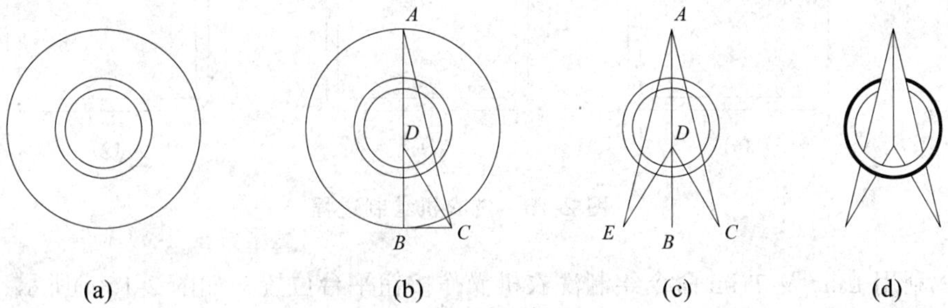

图 2-14　水工用指北针绘制过程

(八)图 2-9 水龙头绘制步骤

(1)利用 Line 命令绘制直线,水平段长 30,竖直段长 6,绘制结果如图 2-15(a)所示;

(2)利用 Circle 命令绘制圆,半径为 3,圆心距步骤(1)中水平直线右端 8,如图 2-15(b)所示;

(3)捕捉圆的第二象限点,绘制直线,直线竖直段长 3,水平段长 6,绘制结果如图 2-15(c)所示,利用该图本次实验可画到此,在后续的实验中,可将图中部分细实线改为粗实线,并对圆进行填充,如图 2-15(d)所示。

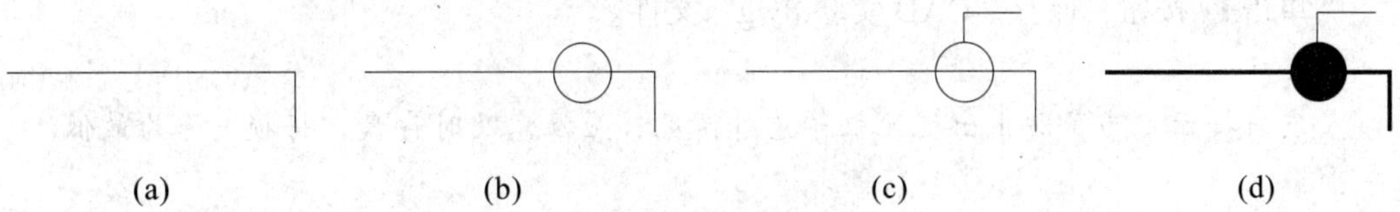

图 2-15　水龙头绘制过程

(九)图 2-10 洗衣机绘制步骤

(1)综合运用 Rectang、Offset、Fillet、Explode、Extend 等命令按图 2-16(a)所示绘制洗衣机内、外壳轮廓;

(2)利用 Line 命令确定洗衣机进水孔位置,利用 Circle 命令绘制进水孔,尺寸及绘制结果如图 2-16(b)所示;

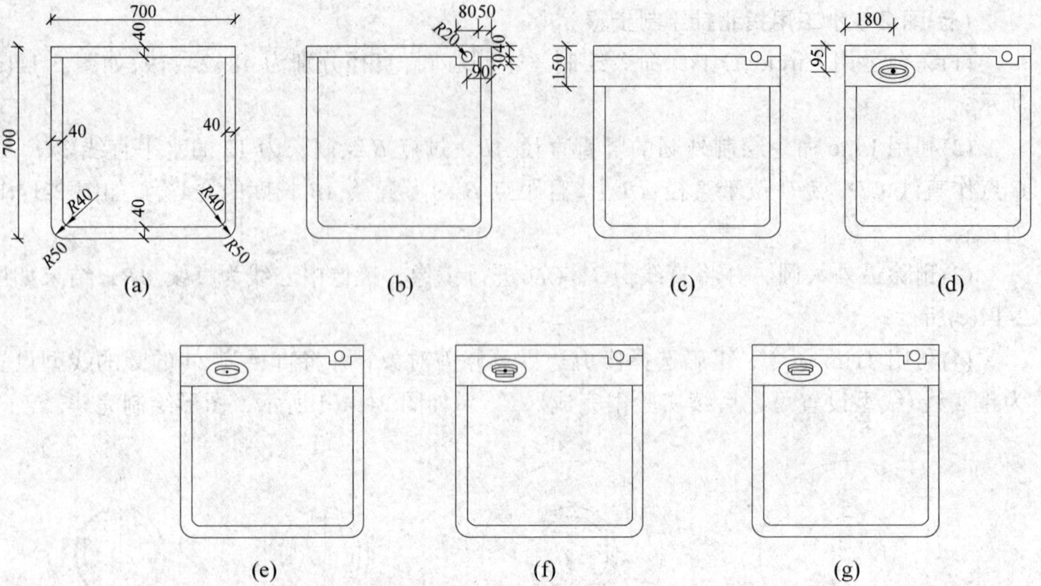

图 2-16　洗衣机绘制过程

(3)利用 Line 及 Trim 命令绘制洗衣机操作按钮平台位置，如图 2-16(c)所示；

(4)利用 Ellipse 命令绘制三个同心椭圆，三椭圆的长短轴分别为 160、80，114、46，92、24，椭圆圆心与洗衣机外轮廓左上角点的相对坐标为@180，–95，如图 2-16(d)所示；

(5)由最内椭圆长轴的两个端点垂直向上绘制两条直线，长度为 20，并以两直线为边界，将中间椭圆进行修剪，结果如图 2-16(e)所示；

(6)绘制 65 × 17 的矩形，使矩形中心位于旋钮椭圆圆心正下方 8 的位置，绘制结果如图 2-16(f)所示；

(7)利用 Trim 命令将步骤(6)中的矩形与旋钮最内椭圆进行修剪，结果如图 2-16(g)所示，洗衣机平面图绘制完毕。

(十)保存文件

单击按钮，保存“CAD 实验.dwg”文件。

友好提示：为了防止出现死机等意外情况，应注意及时存盘，将损失降为最低。

实验三 设置图层与创建图块

一、上机时数、与教材对应章节及适用专业

1 学时；第四章；所有专业。

二、实验目的

(1)掌握利用“图层特性管理器”对话框创建图层的方法；

(2)掌握利用“图层特性管理器”对话框修改图层名称，设置图层颜色、线型和线宽的方法及一般原则；

(3)掌握切换当前图层的方法；

(4)掌握改变已绘制实体所在图层的方法；

(5)掌握利用 B 命令，创建一般图块和带属性图块的方法；

(6)了解利用 W 命令，创建图块文件的方法；

(7)掌握利用 I 命令，插入图块的方法；

(8)掌握编辑图块和编辑图块属性的方法；

(9)掌握利用“工具选项板”，使用系统提供动态图块的方法。

三、实验内容

(1)根据工程图形的需要，创建必要的图层，如表 3-1 所示；

表 3-1 本实验需创建图层

名称	开	冻结	锁定	颜色	线型	线宽	打印样式	打印
0				白	Continuous	默认	Color_7	
Defpoints				白	Continuous	默认	Color_7	
尺寸标注				洋红	Continuous	0.18 ...	Color_6	
粗实线01				白	Continuous	0.70 ...	Color_7	
粗虚线02				黄	ACAD_ISO02W100	0.70 ...	Color_2	
给水附件				青	Continuous	默认	Color_4	
给水管道				青	Continuous	0.70 ...	Color_4	
排水附件				黄	Continuous	默认	Color_2	
排水管道				黄	ACAD_ISO02W100	0.70 ...	Color_2	
其它				白	Continuous	默认	Color_7	
图案填充				140	Continuous	0.18 ...	Colo...	
图块插入				青	Continuous	0.18 ...	Color_4	
文字标注				190	Continuous	0.18 ...	Colo...	
细实线01				绿	Continuous	0.18 ...	Color_3	
虚线02				黄	ACAD_ISO02W100	0.18 ...	Color_2	
折断线01变形				绿	Continuous	0.18 ...	Color_3	
中实线01				蓝	Continuous	0.35 ...	Color_5	
中心线04				红	ACAD_ISO04W100	0.18 ...	Color_1	

注：1. 表中 0 层为默认图层；

2. Defpoints 层为对图形进行尺寸标注后自动产生的图层；

3. 图层名称后面的代码为“CAD 标准”中规定的代码，可省去，详见附录 I；

4. 给水管道、排水管道、给水附件及排水附件等图层，仅给水排水专业做设置。

(2)合理利用所建图层，创建如图 3-1、图 3-2 所示图块；

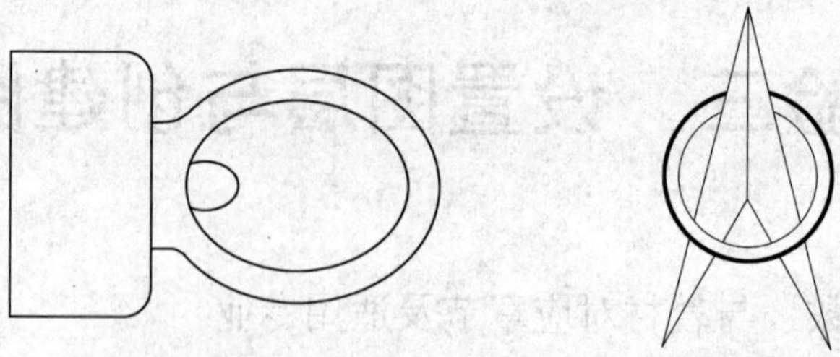

(a)坐便器　　(b)水工用指北针

图 3-1　创建不带属性图块

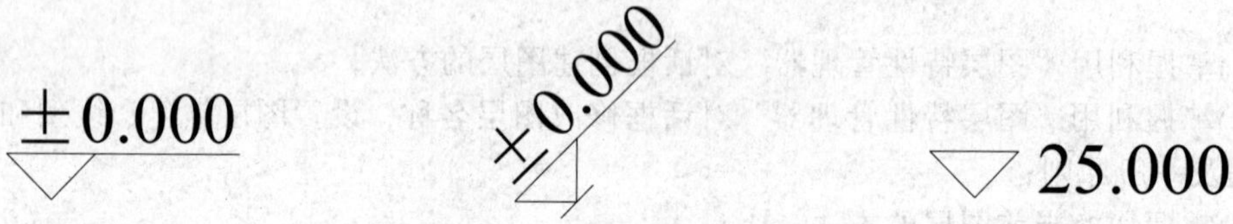

(a)建筑图用标高符号　　(b)给排水系统图用标高符号　　(c)水工图用标高符号

图 3-2　创建带属性图块

(3)利用插入图块命令(Insert)，将图 3-2 所示各图块按设置值插入图形适当位置，然后按图 3-3 的要求编辑图块属性；

(a)建筑图用标高符号图块　　(b)给排水系统图用标高符号图块　　(c)水工图用标高符号图块

图 3-3　编辑标高符号图块属性

(4)通过“工具选项板”，将“建筑”标签中的“门——公制”动态图块插入绘图区中适当位置，如图 3-4(a)所示；分别按图 3-4(b)、(c)、(d)所示，改变其规格尺寸、开启方向及开启角度。

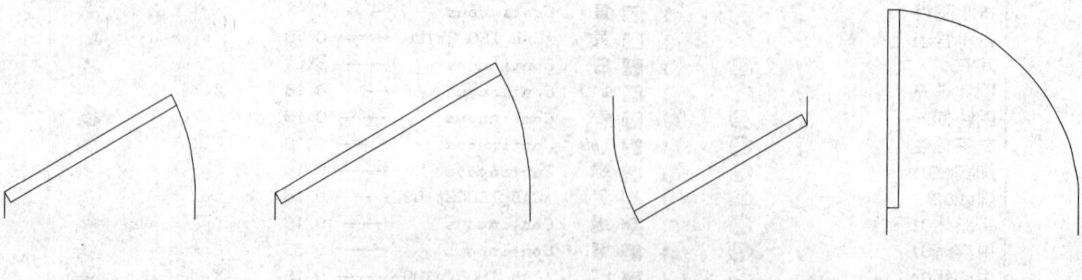

(a)动态图块——门　　(b)改变规格尺寸　　(c)改变开启方向　　(d)改变开启角度

图 3-4　编辑动态图块

四、与本实验相关的主要命令

Layer(La——图层)；Matchprop(Ma——特性匹配)；Properties(Pr——特性)；Block(B——创建图块)；Attdef(Att——定义图块属性)；Insert(I——插入图块)；WBlock(W——创建图块文件)。

五、实验步骤

(一)打开文件

打开实验二存盘后的“CAD 实验.dwg”文件。

(二)创建图层

利用 Layer 命令，在“图层特性管理器”对话框中，按照表 3-1 所示要求，创建各图层(具体创建方法略)。

(三)创建图 3-1 所示各图块

(1)复制实验二中的坐便器、水工用指北针至合适位置；

(2)将坐便器和水工用指北针改变至细实线层，再将指北针中外圆改至粗实线层；

(3)利用 Block 命令，将上述图形分别定义为图块，块名分别为坐便器、水工用指北针。

(四)创建图 3-2 所示各图块

(1)复制实验二中的建筑用标高符号、给排水系统图用标高符号和水工用标高符号至合适位置；

(2)将各符号均改变至细实线层；

(3)利用 Attdef 命令分别为各符号定义属性；

• 建筑用标高符号中各参数设置如图 3-5(a)所示(“值”文本框中的符号%%p 表示“±”，在教材第五章中详细介绍)；单击“确定”按钮后，在符号中直线右端点稍靠上位置处单击鼠标关闭“对象捕捉”，所得图形如图 3-6(a)所示；

• 给排水系统图用标高符号中，各参数设置同建筑用标高符号，定义属性后图形如图 3-6(b)所示(另外，给排水系统图中的标高符号也可直接使用建筑用标高符号，只是在插入图块时，将旋转角度设为 45° 即可)；

• 水工用标高符号参数设置如图 3-5(b)所示(由于水工图中标高数值比较复杂，所以“值”文本框中可输入任意数值，如 25.000)，定义属性后，图形如图 3-6(c)所示；

(4)利用 Block 命令，将各符号连同其属性一起分别定义为图块，块名分别为 jzbg、xtbg、shbg，得到如图 3-2 所示各图块。

(五)插入图块

在图形任意位置插入如图 3-2 所示各图块，并对其进行编辑。

(1)利用 Insert 命令分别将 jzbg、xtbg、shbg 图块插入图形适当位置；

(2)分别双击各属性值，在弹出的“增强属性编辑器”对话框中做相应设置，得到如图 3-3 所示各图块。

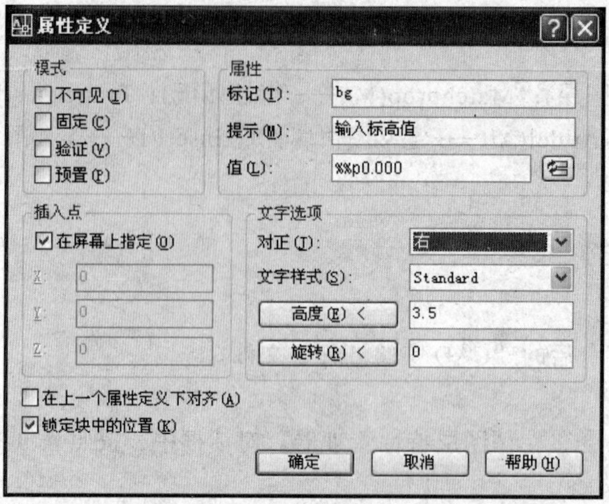

(a)建筑用标高符号中参数设置

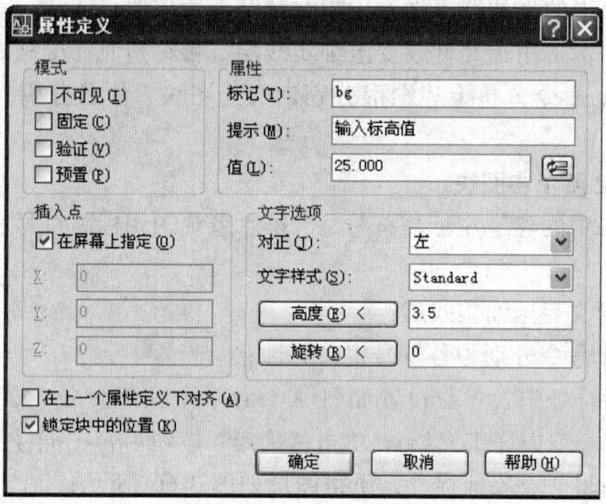

(b)水工用标高符号中参数设置

图 3-5　标高符号中的参数设置

(a)建筑图用标高符号属性　(b)给排水系统图用标高符号属性　(c)水工图用标高符号属性

图 3-6　定义属性

(六)创建图块文件

利用 W 命令，将图 3-1 及图 3-2 所示各图块创建为图块文件，并在其他文件中调用

(操作步骤略)。

(七)编辑图 3-4 所示动态图块

通过操作各夹点完成图 3-4 所示动态图块各不同位置的图形(操作步骤略)。

(八)保存文件

单击 按钮，保存“CAD 实验.dwg”文件。

友好提示：为了防止出现死机等意外情况，应注意及时存盘，将损失降为最低。

实验四　初步绘制建筑平面图

一、上机时数、与教材对应章节及适用专业

2 学时；第四章；土建类专业(包括土木、房建、给水排水等)。

二、实验目的

(1)熟练掌握合理利用图层正确绘制建筑平面图的方法；
(2)掌握“特性匹配”功能的使用方法；
(3)掌握利用“对象特性”对话框修改实体参数的方法；
(4)掌握线型比例的设置方法；
(5)掌握插入图块、编辑图块和编辑图块属性的方法。

三、实验内容

(1)合理利用图层及“特性匹配”功能，按 1∶50 的比例，正确绘制如图 4-1 所示的建筑平面图(同教材第四章图 4-14)。具体要求如下：

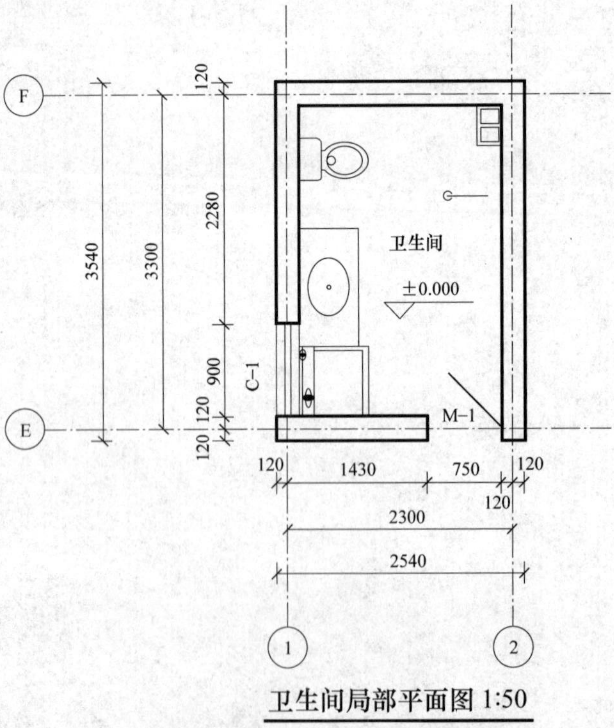

图 4-1　卫生间局部平面图

• 绘制窗户(240 × 900)、洗衣机、台式洗脸盆、坐便器、排风道和淋浴器(如图 4-2 所示)，并将这些图形及标高符号、轴线符号用 Block 命令定义为图块，然后使用 Insert 命令，在“图块插入层”插入到图形的合适位置(对于已绘制图形，无需重新绘制，但要注意将绘制在 0 层上的内容改变至正确图层，图 4-2 中仅窗户两端采用粗实线，其余均为细实线；未绘制图形的尺寸，参考教材第三章；若图形已定义为块，可直接插入)；

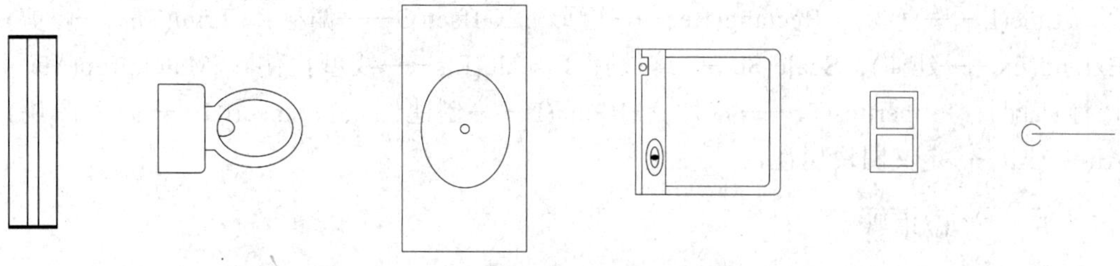

(a)窗户　(b)坐便器　(c)台式洗脸盆　(d)洗衣机　(e)排风道　(f)淋浴器

图 4-2　绘制图形并定义图块

• 不需标注文字及尺寸；

• 分别通过使用 Ltscale 命令和“对象特性”对话框，改变各轴线的线型比例，观察其变化情况。

(2)将如图 4-1 所示的建筑平面图修改为如图 4-3 所示的图形(同教材第四章图 4-23)。具体要求如下：

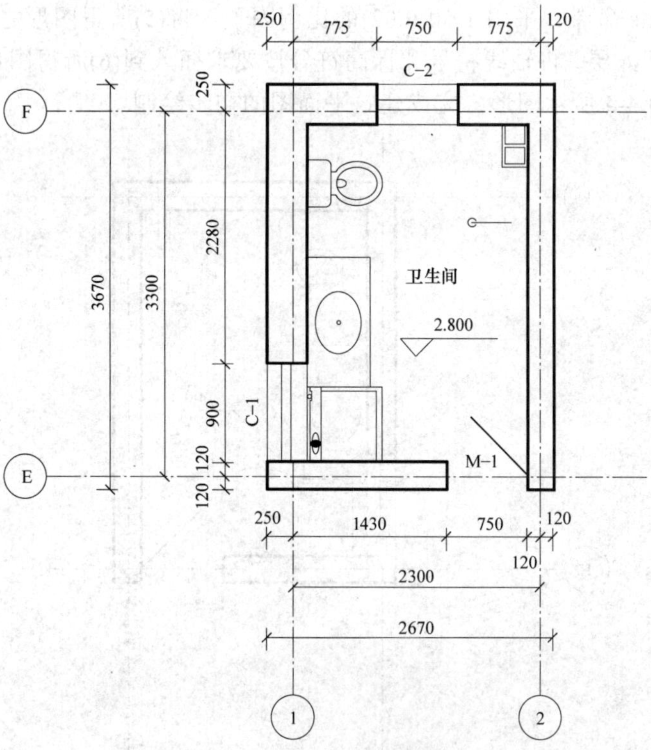

卫生间局部平面图 1:50

图 4-3　卫生间局部平面图

• 两个“窗户”图块分别按原尺寸插入后，再通过“特性”选项板进行参数修改，其中 C–2 在插入时需旋转 90°；

• 标高符号不需重新插入，其数值直接通过编辑图块属性进行修改。

四、与本实验相关主要命令

Line(L——直线)；Rectang(Rec——矩形)；Offset(O——偏移)；Trim(Tr——修剪)；Extend(Ex——延伸)；Scale(Sc——缩放)；Ltscale(Lts——线型比例)；Matchprop(Ma——特性匹配)；Properties(Pr——特性)；Block(B——创建图块)；Insert(I——插入图块)；Attdef(Att——定义图块属性)。

五、实验步骤

(1)打开实验三存盘后的“CAD 实验.dwg”文件。

(2)参照教材第四章图 4-15 所示绘制步骤，合理利用图层，按 1∶1 的绘图比例，绘制轴线、墙体、门等。

(3)按 1∶1 的绘图比例，绘制图 4-2 所示各图形，并创建为图块。

(4)按 1∶1 的绘图比例，创建轴线符号图块(尺寸符合国家标准规定，细实线圆直径为 8，采用 3.5 号字)。

(5)在图块插入层，按要求将图 4-2 所示各图块插入合适位置，并将所得图形复制一个待用。

(6)利用 Scale 命令，采用 1/50(0.02)的比例因子，将(5)所得图形之一缩放为 1∶50。

(7)在图块插入层，将轴线符号和标高符号按要求插入到(6)所得图形中，并调整至合适位置，得如图 4-4 所示图形，完成建筑平面图的初步绘制。

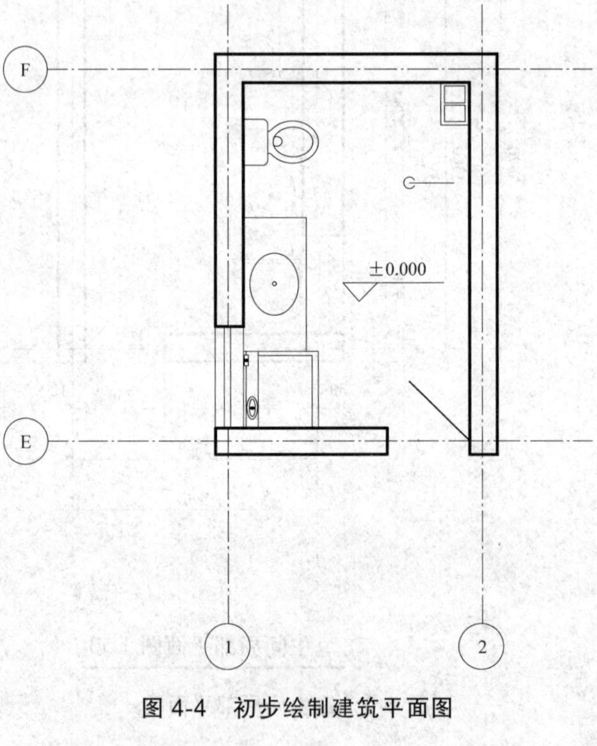

图 4-4　初步绘制建筑平面图

(8)分别通过使用 Ltscale 命令和“对象特性”对话框，改变图 4-4 中各轴线的线型比例，观察其变化情况(操作步骤略)。

(9)合理利用 Offset、Trim 等命令，将(5)复制所得图形中的①号墙体和Ⓕ号墙体改为 370 墙体，并在Ⓕ墙体上按图 4-3 所示的尺寸开出窗洞(操作步骤略)。

(10)选择图块 C–1，并打开“特性”选项板，单击图 4-5(a)所示“Y 比例”选项后面的“快速计算器”，并做如图 4-5(b)所示的设置，单击“应用”按钮，完成对 C–1 的修改。

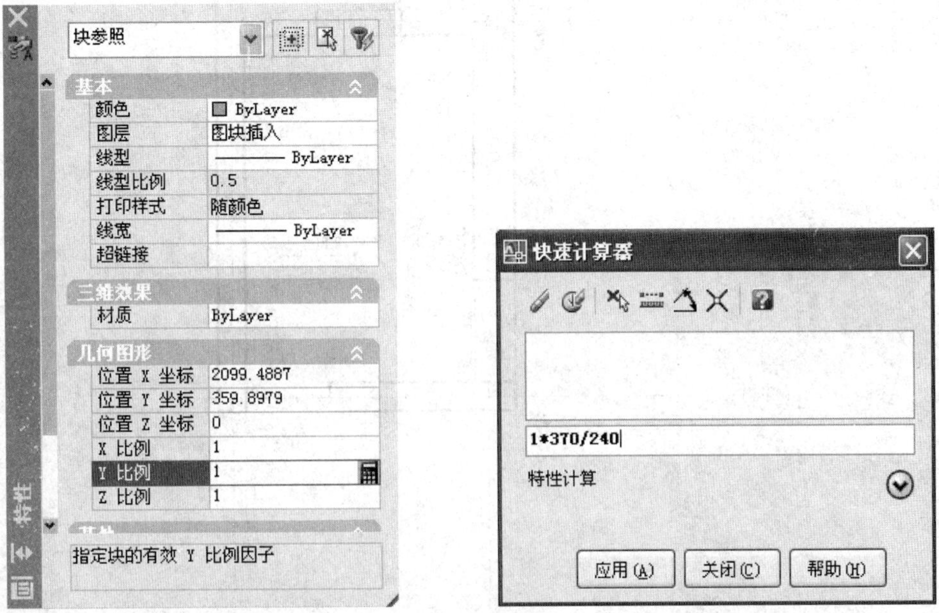

(a)选择需修改比例项　　(b)输入比例因子计算式

图 4-5　编辑图块

注：有关“快速计算器”的内容，在教材中未做介绍，一般只有在所需数值不易计算时才使用该功能。当在“特性”选项板中选中所需计算内容后(如 Y 比例)，在“快速计算器”的编辑框中输入原值与所需尺寸与原有尺寸比值的乘积(如 1*370/240，其中 1 为需计算的原值，370 为所需尺寸，240 为图块原有尺寸)。当需多次计算时，可逐一进行，如(11)中对图块 C–2 的修改。“快速计算器”的其他使用方法可使用帮助或参考有关书籍。

(11)插入图块 C–2，并参照图块 C–1 的编辑方法，通过“特性”选项板，分别修改图块 C–2 的 *X*、*Y* 两比例值，完成对图块 C–2 的修改(操作步骤略)。

(12)利用 Scale 命令，采用 1/50(0.02)的比例因子，将所得图形缩放为 1∶50。

(13)在图块插入层，将轴线符号按要求插入图形中，并调整至合适位置；插入标高符号时，标高数值采用设置值 ± 0.000。

(14)双击标高符号，在弹出的“增强属性编辑器”对话框中，选择“属性”标签，在“值”文本框中，将“%%p0.000”修改为 2.800，单击“确定”按钮，完成对标高数值的修改，得到如图 4-6 所示图形，完成图 4-3 所示图形的初步绘制。

注：如果对尺寸比例关系掌握得非常清楚，可直接利用图 4-4 完成修改，从而省去(12)和(13)。若在(13)中将标高数值输入为 2.800，则可省去(14)，设置此步骤主要是练习如何编辑图块属性。

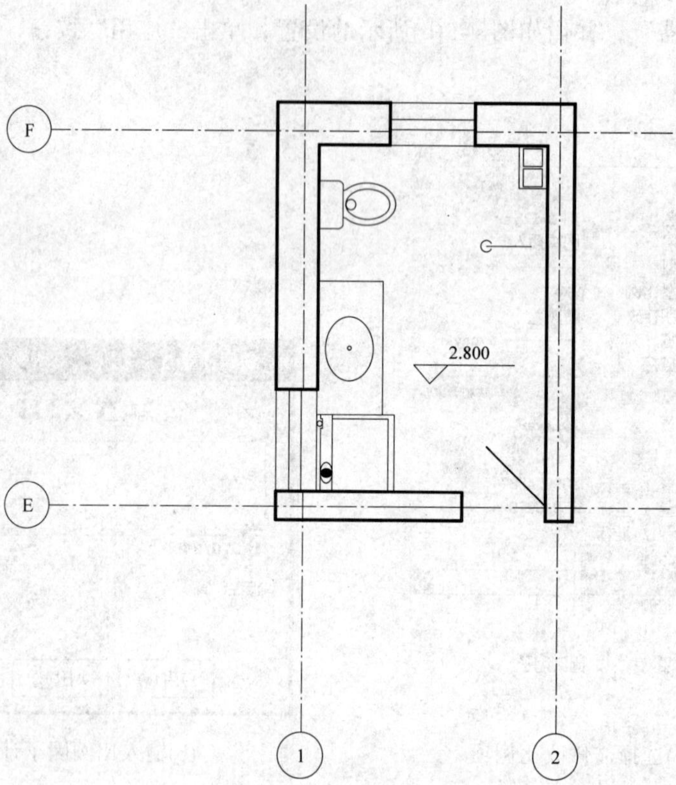

图 4-6　初步绘制建筑平面图

(15)单击 按钮，保存“CAD 实验.dwg”文件。

友好提示：为了防止出现死机等意外情况，应注意及时存盘，将损失降为最低。

实验五　初步绘制水利工程图

一、上机时数、与教材对应章节及适用专业

2 学时；第四章；水利类专业。

二、实验目的

(1)利用教材第三章介绍的常用绘图和修改命令绘制简单水利工程图；
(2)合理利用实验三建立的图层绘制不同特性的图线；
(3)合理利用对象特性修改命令修改图线特性；
(4)合理利用实验三创建的图块，提高绘图速度；
(5)合理利用辅助绘图工具保证绘图的精确性。

三、实验内容

绘制如图 5-1 所示的水闸上游翼墙剖面图和图 5-2 所示的 U 形渡槽槽身横断面图。本实验只要求完成基本图线的绘制和高程的标注。

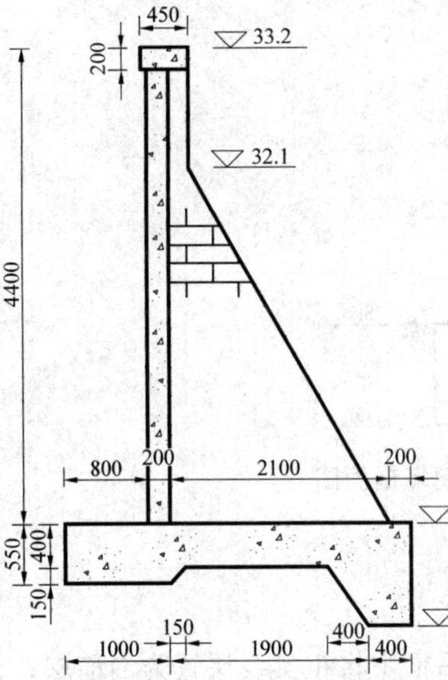

图 5-1　水闸上游翼墙剖面图

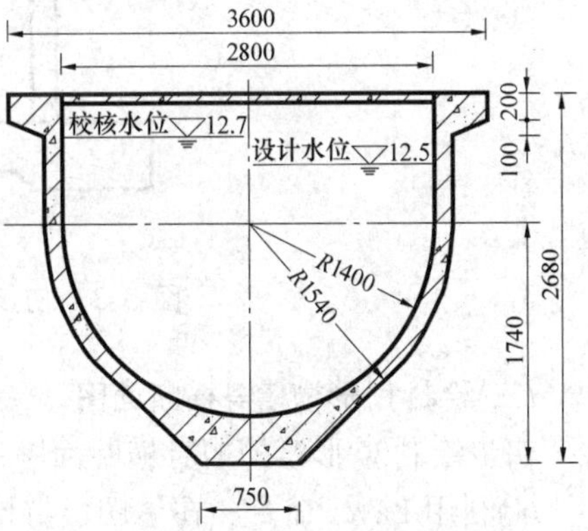

图 5-2　U 形渡槽槽身横断面图

四、与本实验相关的主要命令

Layer(La——图层)；Line(L——绘制直线)；Arc(A——绘制圆弧)；Osnap(Os——对象

捕捉)；Insert(I——插入图块)；Properties(Pr——特性)。

五、实验步骤

(一)打开文件

打开实验四存盘后的“CAD 实验.dwg”文件。

(二)绘制水闸上游翼墙剖面图

初步绘制水闸上游翼墙剖面图，如图 5-1 所示。

(1)利用 Layer 命令，在“图层特性管理器”对话框中将粗实线层置为当前层。

(2)利用 Line 命令根据图中尺寸要求绘制剖面轮廓线。

• 启用“对象捕捉”工具，以保证绘图的速度和精度。

• 对于水平和垂直的图线可以在正交模式下绘制；斜线采用输入相对直角坐标的方法绘制。

(3)利用 Layer 命令，在“图层特性管理器”对话框中将细实线层置为当前层，并利用 Line 命令绘制标高线。

(4)利用 Insert 命令将第三章定义的带属性的块——水工图用标高符号 shbg(见图 3-2)插入相应位置，并修改标高属性值，得到如图 5-3 所示图形。

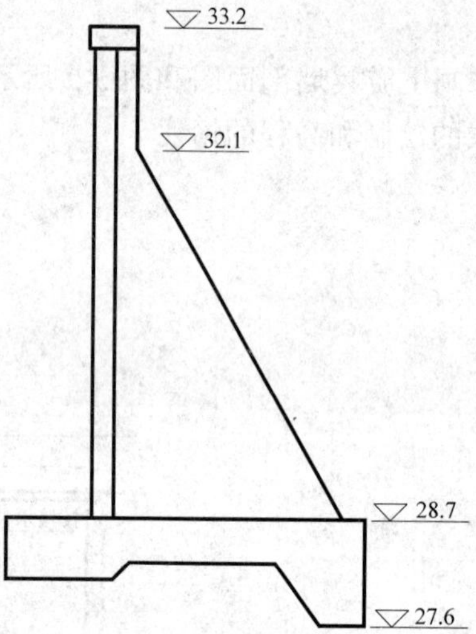

图 5-3　初步绘制水闸上游翼墙剖面图

(三)绘制 U 形槽槽身横断面图

初步绘制 U 形渡槽槽身横断面图，如图 5-2 所示。

(1)利用 Layer 命令，在“图层特性管理器”对话框中将粗实线层置为当前层；

(2)分别利用 Line 命令和 Arc 命令，根据图中尺寸要求绘制槽身和拉杆的轮廓线；

(3)利用 Layer 命令，在“图层特性管理器”对话框中将中心线层置为当前层；

(4)利用 Line 命令绘制两条中心线(如果中心线线型不能正确显示，则需要修改两中心线的线型比例)；

(5)利用 Layer 命令，在“图层特性管理器”对话框中将细实线层置为当前层；

(6)利用 Line 命令绘制特征水位标高线，并在其下方绘制三条细实线；

(7)利用 Insert 命令将第三章定义的带属性的块——水工图用标高符号 shbg 插入到相应位置，并修改标高属性值，得到如图 5-4 所示图形。

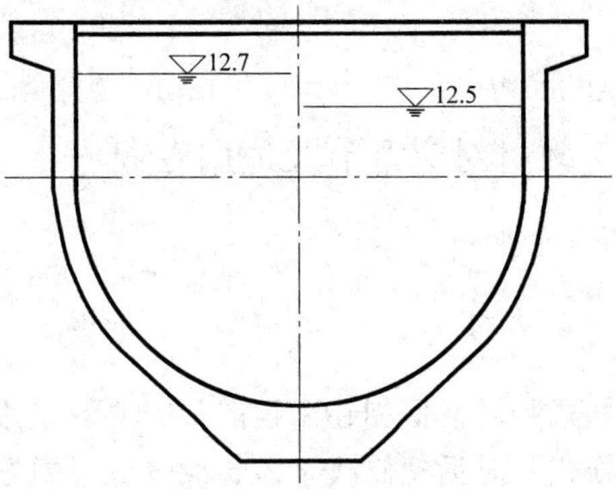

图 5-4　初步绘制 U 形渡槽槽身横断面图

(四)保存文件

单击按钮，保存“CAD 实验.dwg”文件。

友好提示：为了防止出现死机等意外情况，应注意及时存盘，将损失降为最低。

实验六　文字标注及表格绘制

一、上机时数、与教材对应章节及适用专业

1 学时；第五章；所有专业。

二、实验目的

(1)掌握利用“文字样式”对话框创建工程图中需要的字体；
(2)掌握利用“文字样式”对话框修改字体、设置效果的方法及一般原则；
(3)掌握单行文字输入法和多行文字输入法，并注意它们的区别；
(4)熟练掌握“多行文字在位编辑器”和“文字格式”工具栏中各种工具的使用；
(5)掌握对已输入文字的编辑、修改方法；
(6)掌握利用“表格样式”对话框创建工程图中的表格；
(7)掌握利用“表格样式”对话框修改数据和标题的单元特性、边框特性；
(8)掌握利用“插入表格”对话框输入表格并输入内容的方法；
(9)掌握对已有表格的编辑、修改方法；
(10)掌握利用“特性”面板对文字和表格的编辑方法。

三、实验内容

(1)根据工程图纸的需要，创建必要的字体，如表 6-1 所示。

表 6-1　本实验需创建字体

样式名	字体名	使用大字体	字体样式	高度	效果	
					宽度比例	倾斜角度
Standard	txt.shx	〔 〕	/	0.0000	1.0000	0
仿宋体	仿宋_GB2312	/	常规	0.0000	0.7000	0
书写斜体	gbeitc.shx	√	gbcbig.shx	0.0000	1.0000	0
书写直体	gbenor.shx	√	gbcbig.shx	0.0000	1.0000	0
图名	宋体	/	常规	0.0000	1.0000	0

注：1. 表中 Standard 为默认样式名；
2. 使用大字体复选框，只在字体扩展名为“.shx”时有效。〔 〕表示未选中，√表示选中，斜线表示无效；
3. 高度设为 0.0000，在输入文本时根据提示指定文本高度。

(2)合理利用所建文字样式，为实验四中的图 4-4(即图 6-1(a))注写门窗编号(M–1、C–1)，采用“Standard”，3.5 号字；注释文字(卫生间)，采用“仿宋体”，5 号字。为实验五中的图 5-4(即图 6-1(b))注写注释文字(设计水位和校核水位)，采用“仿宋体”，3.5 号字等。

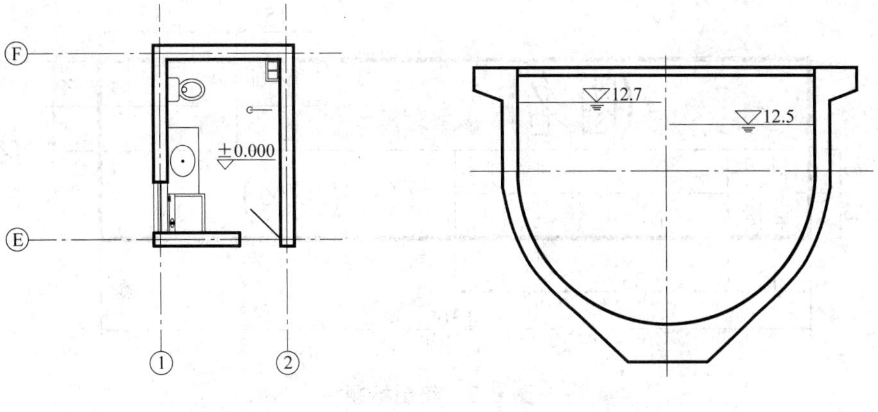

(a)　(b)

图 6-1　利用单行文字标注图中的文字

(3)合理使用文字样式，抄写如图 6-2 所示的建筑施工图设计说明节选。其中，“建筑施工图设计说明”用 10 号字；“一、建筑设计”用 5 号字；其余文字用 3.5 号字。

建筑施工图设计说明

一、建筑设计

本设计包括 A、B 两种独立的别墅设计和结构设计

(一) 图中尺寸

除标高以米为单位，其他均为毫米。

(二) 地面

1. 水泥砂浆地面：20 厚 1:2 水泥砂浆面层，70 厚 C10 混凝土，80 厚碎石垫层，素土夯实，
2. 木地板底面：18 厚企口板，50x60 木搁栅，中距 400(涂沥青)，$\phi 6$，L=160 钢筋固定@1000，刷冷底子油二度，20 厚 1:3 水泥砂浆找平。

(三) 楼面

1. 水泥砂浆楼面：20 厚 1:2 水泥砂浆面层，现浇钢筋混凝土楼板。
2. 细石混凝土楼面：30 厚 C20 细石混凝土加纯水泥砂浆，预制钢筋混凝土楼板。

图 6-2　利用多行文字输入文字

(4)利用表格绘制标题栏。本实验指导书中的标题栏不是实际生产图纸中所用的标题栏，仅为学习阶段使用。其中，图名用 10 号字；校名用 7 号字；其余汉字用 5 号字书写；数字用 3.5 号字书写(见图 6-3)。

四、与本实验相关的主要命令

Style(St——文字样式)；Text(Dt——单行文字)；Mtext(Mt——多行文字)；Tablestyle(Ts——表格样式)；Table(Tb——表格)；Properties(Pr——特性)。

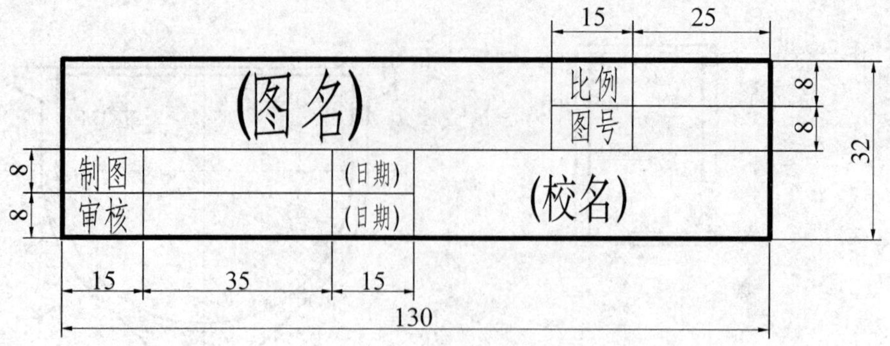

图 6-3　绘制标题栏

五、实验步骤

(一)打开文件

打开实验四或实验五存盘后的“CAD 实验.dwg”文件。

(二)创建表 6-1 所示各文字样式

利用 Style 命令，在“文字样式”对话框中，按照表 6-1 所示要求，创建各文字样式(具体创建方法略)。

(三)标注文字

利用单行文字输入法，为图 6-1 所示图形标注文字。

(1)将“文字标注”层设置为当前层；

(2)利用 Text 命令，在合适位置按要求分别输入文字，其结果如图 6-4 所示。

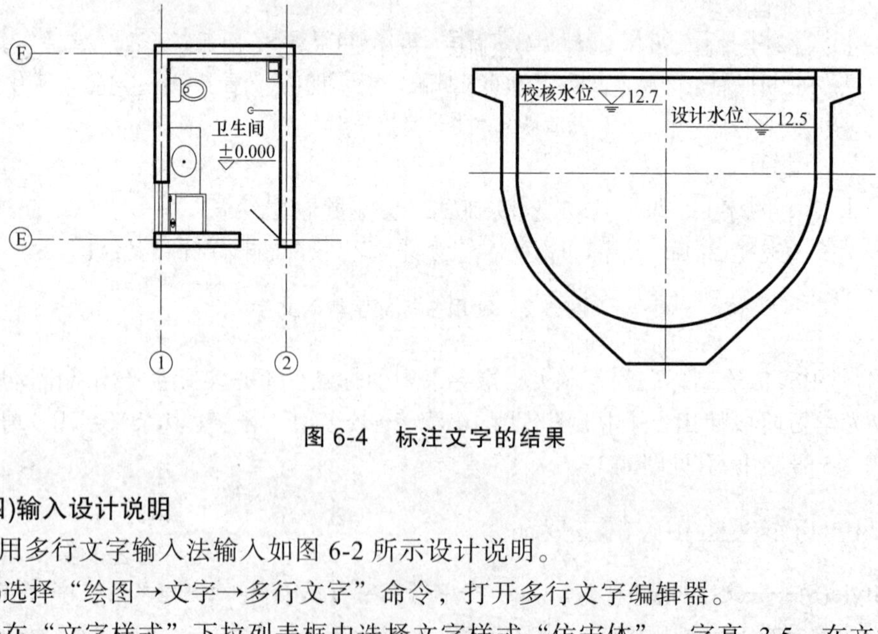

图 6-4　标注文字的结果

(四)输入设计说明

利用多行文字输入法输入如图 6-2 所示设计说明。

(1)选择“绘图→文字→多行文字”命令，打开多行文字编辑器。

(2)在“文字样式”下拉列表框中选择文字样式“仿宋体”，字高 3.5，在文字输入区输入设计说明的文字。

(3)在输入图 6-5 所示文字后，需要输入直径符号，单击“选项”按钮，在弹出的下拉菜单中选择“符号→直径”，完成直径符号输入。

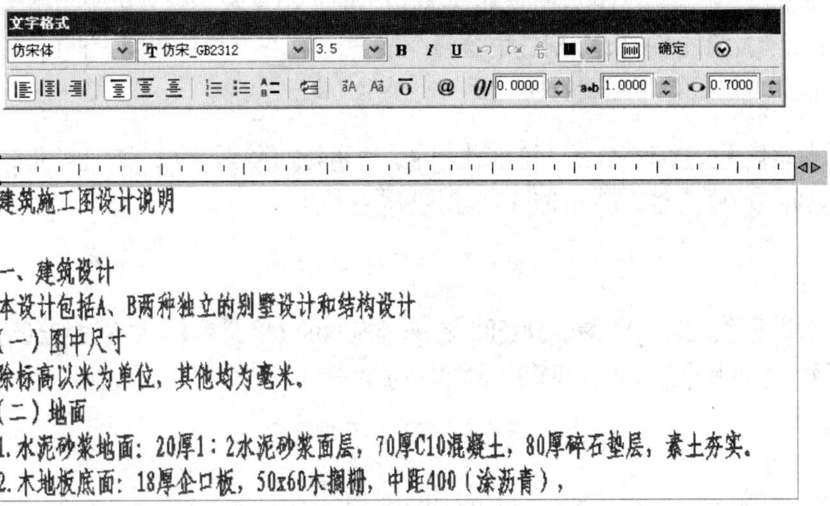

图 6-5　输入建筑施工图说明文字

(4)继续输入文字，需要输入@符号。单击@按钮，在弹出的下拉菜单中选择“其他”命令，弹出“符号影射表”对话框，在字符列表区单击@符号，再单击选择(S)按钮，使其出现在“复制字符”编辑框中，如图 6-6 所示。然后，单击复制(C)按钮，将选中的符号复制到剪贴板，关闭对话框后，利用 Ctrl+V 将符号粘贴到文字编辑区，完成文字输入。

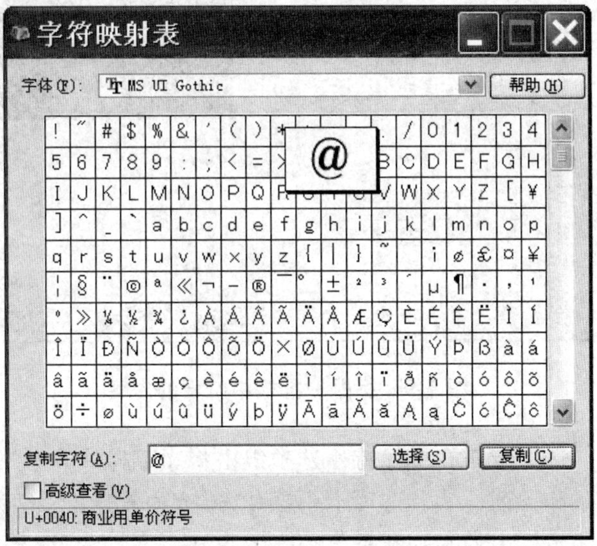

图 6-6　输入@符号

(5)选择文字“建筑施工图设计说明”，在“字高”微调框中输入 10，设置字高为 10 号字。

(6)使用同样的方法，设置“一、建筑设计”字高为 5 号字。

(7)如图 6-7 所示，(3)和(4)输入的字符均不能正确显示，这是由于“仿宋_GB2312”字符库中没有这两个字符，分别选中这两个字符，在“字体”下拉列表框中选择“宋体”，字符就可以正常显示了，如图 6-8 所示。

2.木地板底面：18厚企口板，50x60木搁栅，中距400（涂沥青），□6，L=160钢筋固定 □ 1000，刷冷底子油二度，20厚1：3水泥砂浆找平。

图 6-7　字符非正常显示

2.木地板底面：18厚企口板，50x60木搁栅，中距400（涂沥青），ø 6，L=160钢筋固定 @1000，刷冷底子油二度，20厚1：3水泥砂浆找平。

图 6-8　字符的正常显示

(8)单击“确定”按钮，完成设计说明的抄写。

(五)利用表格创建标题栏

(1)选择“格式→表格样式”命令，打开“表格样式”对话框，如图 6-9 所示。

图 6-9　标题栏样式中所设的内容

- 选中“数据”选项卡，在单元特性选项组中将文字样式改为书写直体；
- 取消“标题”和“列标题”选项卡中□包含标题行(I)复选框，表示不包含标题行；
- 将单元边距编辑框中的水平和垂直距离置为 0；
- 设置完毕单击［确定］按钮并关闭“表格样式”对话框。

(2)选择“绘图→表格”命令，打开“插入表格”对话框，如图 6-10 所示。

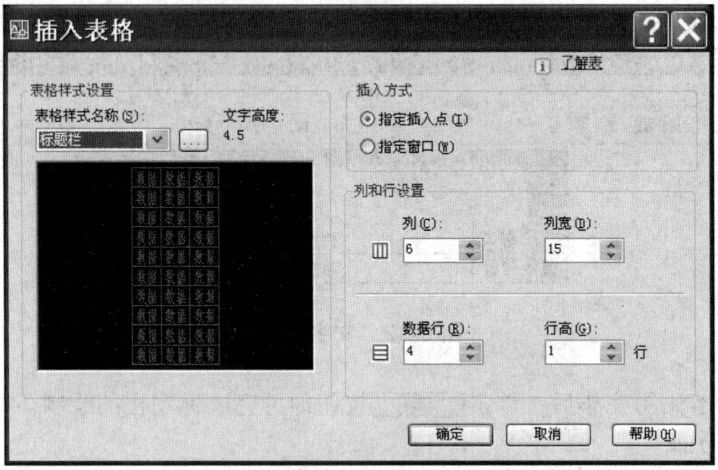

图 6-10　插入表格对话框中的设置

- 在“表格样式设置”选项区中选择“表格样式名称”为“标题栏”；
- 在“插入方式”选项区中选择“指定插入点”单选框；
- 在“列和行设置”选项区中列为 6，列宽为 15，数据行为 4，行高为 1；
- 设置完毕，单击确定按钮就可以拖出一个 4 行 6 列的表格，如图 6-11(a)所示，选择合适的位置单击鼠标左键即可。

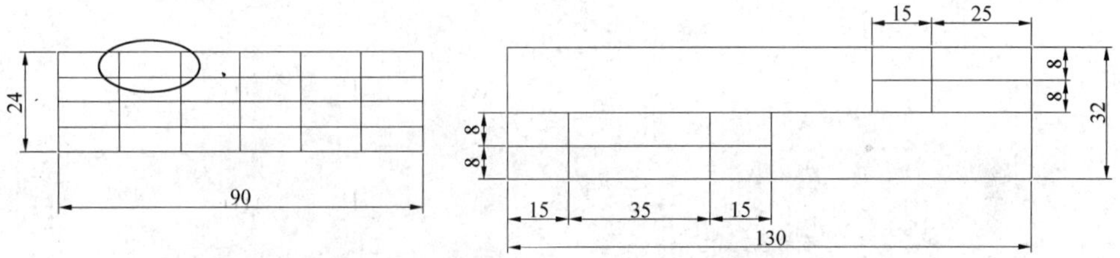

(a)插入的标题栏　　　　(b)编辑后的标题栏

图 6-11　插入的表格样式及编辑后的样式

(3)选择“标准工具栏→对象特性”按钮，打开“特性”选项板，对表格进行编辑操作。

- 首先选择要编辑的单元，如图 6-11(a)中标记的第 1 行第 2 列；
- 改变“特性”选项板中的单元宽度为 35。重复(1)和(2)将所有单元编辑为要求的大小；
- 再选择表单元区域，拖动鼠标，选中表格中的第 1 行第 1 列到第 2 行第 4 列区域；
- 单击鼠标右键，打开快捷菜单，选择“合并→全部”命令，即将选中区域合并为一个单元；
- 同理，将第 3 行第 4 列和第 4 行第 6 列合并为一个单元；
- 最后将表格改为如图 6-11(b)所示样式；
- 双击要输入文字的单元，在出现的文字编辑器中选择合适的文字样式、字高和对齐方式等输入文字，如图 6-12 所示；

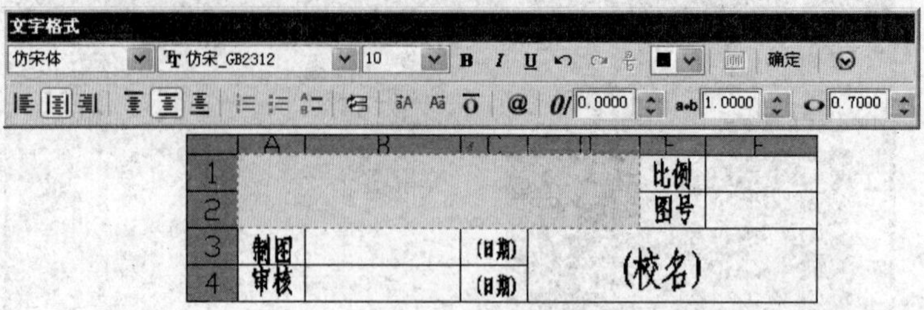

图 6-12　文字编辑器

- 文字内容书写完毕后，单击 确定 按钮即可完成标题栏的绘制。

(六)保存文件

单击 按钮，保存“CAD 实验.dwg”文件。

友好提示：为了防止出现死机等意外情况，应注意及时存盘，将损失降为最低。

实验七　为图形标注尺寸

一、上机时数、与教材对应章节及适用专业

1学时；第六章；所有专业。

二、实验目的

(1)掌握利用“标注样式管理器”对话框创建尺寸标注样式的一般方法；

(2)掌握利用“标注样式管理器”对话框创建符合建筑图尺寸标注要求的标注样式的方法；

(3)掌握利用“标注样式管理器”对话框创建符合水工图尺寸标注要求的标注样式的方法；

(4)了解利用“标注样式管理器”对话框修改和替代尺寸标注样式的方法，了解建筑图尺寸标注和水工图尺寸标注的区别；

(5)了解利用“标注样式管理器”对话框为已存在的全局样式创建子样式的方法；

(6)掌握利用各种相关命令为已绘制图形标注尺寸的方法；

(7)掌握改变已标注尺寸对象所属样式的方法；

(8)了解编辑尺寸标注的方法。

三、实验内容

(1)根据工程图形的需要，创建两个尺寸标注样式，即符合建筑图尺寸标注要求的标注样式“建筑1∶50”和符合水工图尺寸标注要求的标注样式“水利1∶50”。

(2)合理利用所建尺寸标注样式，结合相关尺寸标注命令为图7-1标注尺寸。

• 在实验四中完成了“卫生间局部平面图1∶50”的图形绘制工作，如图4-4所示。在实验六中完成了其文字注写，如图6-4(a)。在本次实验中，采用所建尺寸标注样式“建筑1∶50”为该图形标注尺寸，如图7-1(a)所示。

• 在实验五中完成了“U形槽槽身横断面图1∶50”的图形绘制工作，如图5-4所示。在实验六中完成了其文字注写，如图6-4(b)所示。在本次实验中，采用所建尺寸标注样式“水工1∶50”为该图形标注尺寸，如图7-1(b)所示。

(3)利用已经创建的尺寸标注样式“建筑1∶50”，创建新的标注样式“建筑1∶100”。分别标注图7-2(a)、(b)两个图的尺寸，并加以对比。

(4)通过“样式”工具栏的“标注样式”下拉列表，将图7-3(a)中的尺寸标注样式由“建筑1∶50”更改为“水工1∶50”。更改后的效果如图7-3(b)所示。

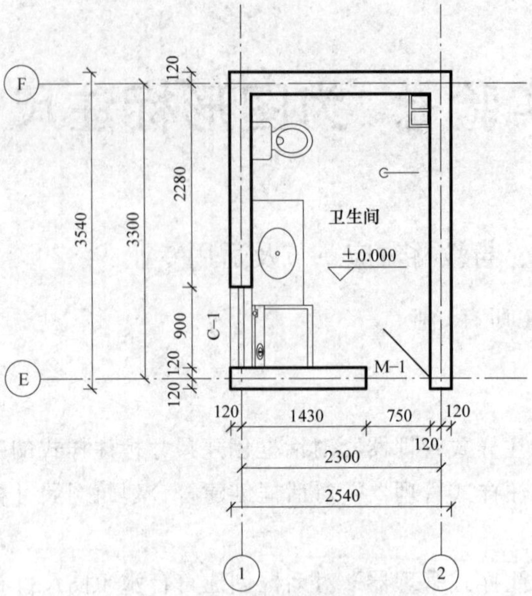

(a)卫生间局部平面图 1：50

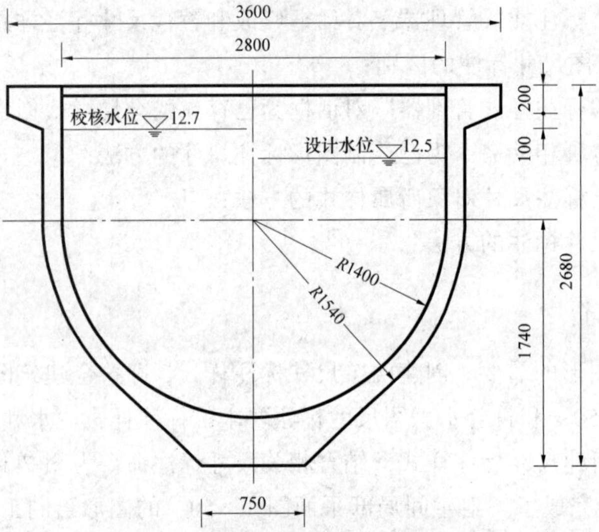

(b)U 形槽槽身横断面 1：50

图 7-1　创建尺寸标注对象

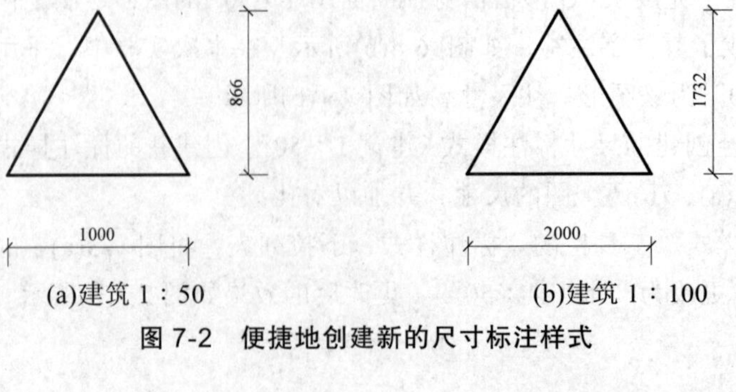

(a)建筑 1：50　　　　(b)建筑 1：100

图 7-2　便捷地创建新的尺寸标注样式

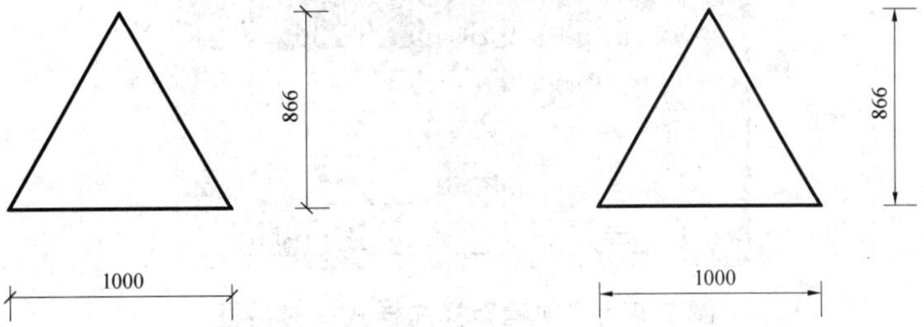

(a)建筑 1：50　　　　(b)水利 1：50

图 7-3　更改尺寸标注样式

(5)为实验四和实验五中的其余图形标注尺寸。

四、与本实验相关的主要命令

Dimstyie(D——标注样式)；Dimlinear(Dli——线性标注)；Dimradius(Dra——半径标注)；Line(L——直线)；Copy(C——复制)。

五、实验步骤

(一)打开文件

打开实验六存盘后的“CAD 实验.dwg”文件。

(二)创建尺寸标注样式

创建两个尺寸标注样式：“建筑 1：50”和“水利 1：50”。

(1)为新的尺寸标注样式命名。

• 利用 Dimstyie 命令，打开“标注样式管理器”对话框，如图 7-4 所示；

• 点击“新建”按钮，在弹出的如图 7-5 所示的“创建新标注样式”对话框中为新标注样式命名。

(2)为新的尺寸标注样式设置参数。

• 点击“继续”按钮，弹出如图 7-6 所示的“新标注样式”对话框；

• 利用图 7-6 所示对话框的六个选项卡，设置新建尺寸标注样式的参数，具体参数的设置见表 7-1；

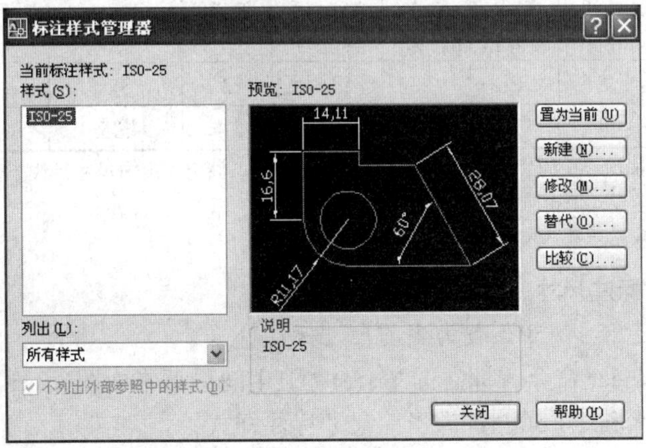

图 7-4　“标注样式管理器”对话框

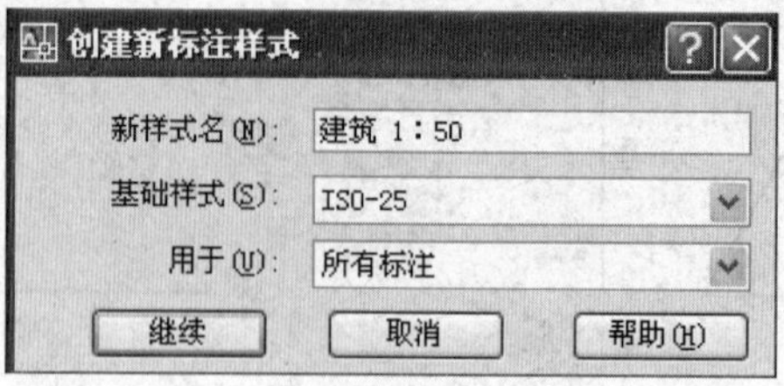

图 7-5　“创建新标注样式”对话框

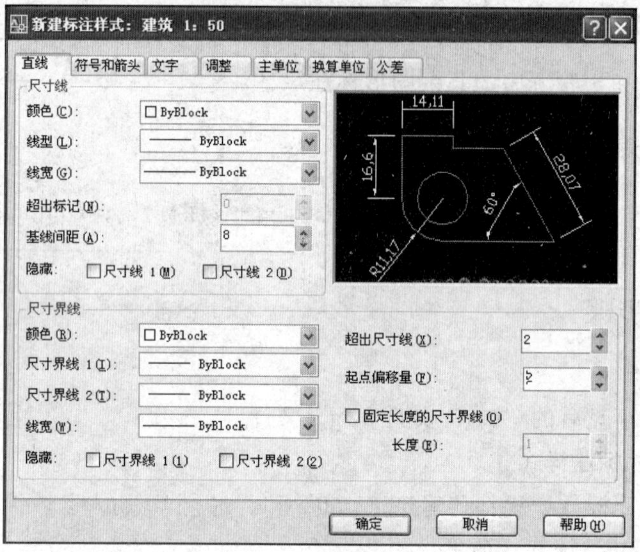

图 7-6　“新标注样式”对话框

• 设置完毕，点击“确定”按钮。

表 7-1　尺寸标注样式主要选项的设置

样式名	选项卡	直线			符号和箭头		文字		主单位	
	选项组	尺寸线	尺寸界线		箭头		文字外观	文字位置	线性标注	
	选项	基线间距	超出尺寸线	起点偏移量	第一项 第二项	箭头大小	文字高度	从尺寸线偏移	精度	比例因子
建筑 1：50	取值	8	2	2	建筑标记	2	3.5	1	0	50
水利 1：50	取值	8	2	2	实心闭合	3.5	3.5	1	0	50

注：1. 在“直线”选项卡中的“尺寸界线”选项组中，勾选“固定长度的尺寸界线”，并将长度设为 1，对于此选项，两个样式做相同设置；

2. 其余选项采用系统默认设置。

(三)为图 7-1 标注尺寸

(1)将样式“建筑 1：50”置为当前尺寸标注样式；

(2)利用 Dimlinear 命令，标注图 7-1(a)“卫生间局部平面图 1：50”中的各尺寸；

(3)将样式“水利 1：50”置为当前尺寸标注样式；

(4)利用 Dimlinear 和 Dimradius 命令，标注图 7-1(b)“U 形槽槽身横断面图 1：50”

中的各尺寸。

(四)利用已有尺寸标注样式创建新样式

利用已有的尺寸标注样式，创建新的样式，并标注尺寸。

(1)创建一个新的尺寸标注样式“建筑 1：100”。

• 利用 Dimstyie 命令，打开“尺寸标注样式管理器”对话框，如图 7-4 所示；

• 点击“新建”按钮，在弹出的如图 7-5 所示的“创建新标注样式”对话框中将新标注样式命名为“建筑 1：100”；

• 在“创建新标注样式”对话框中将基础样式选定为 “建筑 1：50”。

(2)为新的尺寸标注样式设置选项。

将“主单位”选项卡中“测量单位比例”中的“比例因子”选项设置为 100。

(3)绘制图形。

• 将图层“粗实线 01”设置为当前层；

• 利用 Line 命令绘制如图 7-2(a)中的图形，图为边长是 20 的等边三角形；

• 利用 Copy 命令将绘制好的图形复制一个，对两个图形分别命名为(a)和(b)。

(4)为图形标注尺寸。

• 将样式“建筑 1：50”设置为当前标注样式；

• 利用 Dimlinear 命令为图形标注尺寸，效果如图 7-2(a)所示；

• 将样式“建筑 1：100”设置为当前标注样式；

• 利用 Dimlinear 命令，为另一个图形标注尺寸，效果如图 7-2(b)所示。

(五)更改尺寸标注的样式

(1)利用 Copy 命令将图形 7-2(a)复制一个放到合适的位置，并命名为图 7-3(a)所示。

(2)单击图 7-3(a)中的尺寸标注，使之处于被选定状态。

(3)打开“样式”工具栏中的“标注样式”下拉列表，选定样式“水利 1：50”，则其标注样式更改为如图 7-3(b)所示。

(六)为实验四和实验五中其他图形标注尺寸

选择合适的尺寸标注样式为实验四和实验五中的其他图形标注尺寸。

(七)保存文件

单击按钮，保存“CAD 实验.dwg”文件。

友好提示：为了防止出现死机等意外情况，应注意及时存盘，将损失降为最低。

实验八　建立符合工程图标准的样板图

一、上机时数、与教材对应章节及适用专业

1 学时；第七章；所有专业。

二、实验目的

(1)掌握创建样板图的方法；
(2)掌握使用样板图和修改样板图的方法；
(3)学会规范、统一绘图环境，培养良好的绘图习惯；
(4)了解国家标准和行业标准对工程图纸的要求。

三、实验内容

(1)建立符合建筑工程制图标准的 A3 幅面样板图(见图 8-1)；
(2)建立符合水利水电工程制图标准的 A3 幅面样板图；
(3)利用 A3 幅面样板图，建立 A2 幅面样板图。

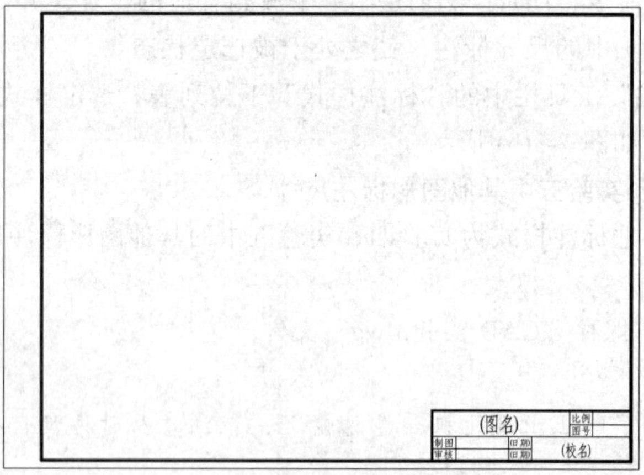

图 8-1　A3 幅面样板图

四、与本实验相关的主要命令

Limits(图形界限)；Units(Un——单位)；Layer(La——图层)；Line(L——直线)；Style (St——文字样式)；Dimstyie(Dst——标注样式)；Tablestyle(Ts——表格样式)；Table (Tb——表格)；Saveas(另存为)；New(新建)。

五、实验步骤

(一)创建新图形文件

利用 New 命令，采用“无样板打开——公制”的形式，创建新图形文件。

(二)创建符合工程制图标准的 A3 幅面样板图

(1)将图纸幅面设置为 420 mm × 297 mm，即 A3 图纸的图形边界；

(2)选择“视图→缩放→全部”命令，使得设定的绘图界限全部显示在绘图区域内；

(3)单击状态栏上的“栅格”按钮可以在绘图窗口中显示图纸的界限范围；

(4)设置图形单位和精度，如图 8-2 所示。

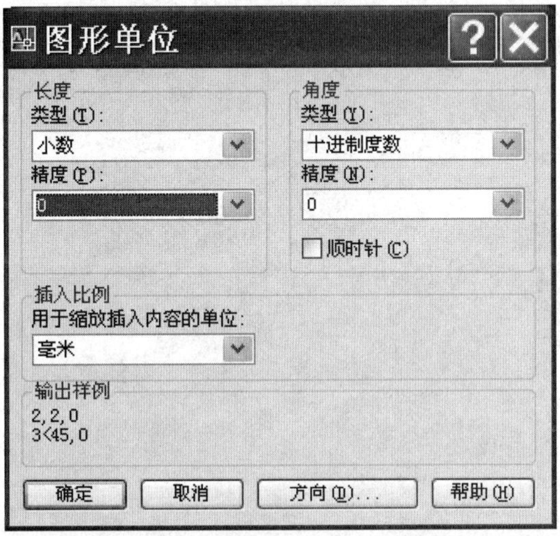

图 8-2　设置图形单位和精度的内容

(三)设置图层、文字样式和尺寸标注样式

采用前面章节的设置图层、文字样式和尺寸标注样式。

(四)绘制图框线

(1)各种图幅相关尺寸请参见附录Ⅰ；

(2)利用 Line 命令绘制图框线和图幅线(具体绘图方法略)。

(五)绘制标题栏

采用实验六中绘制好的标题栏将其插入图框线右下角。

(六)保存样板图

(1)利用“另存为”命令，打开“图形另存为”对话框；

(2)在“文件类型”下拉列表框中选择“AutoCAD 图形样板(*.dwt)”选项；

(3)从“保存于”下拉列表框选择文件夹，如 D: \样板图；

(4)在“文件名”文字框中输入文件名称 A3；

(5)单击“保存”按钮，打开“样板说明”对话框，输入要说明的内容即可。

(七)调用样板图

(1)利用 New 命令，打开“选择样板”对话框；

(2)在文件列表中选择前面创建的样板文件 A3，如 D: \样板图\A3.dwt。

单击“打开”按钮，创建一个新的图形文档，此时绘图窗口中将显示图框和标题栏，并包括了样板图中的所有设置。

(八)利用 A3 样板图创建 A2 幅面的样板图

(1)打开 A3 样板图，根据 A2 图的相关尺寸修改幅面和图框；

(2)利用“另存为”命令，打开“图形另存为”对话框；

(3)在“文件类型”下拉列表框中选择“AutoCAD 图形样板(*.dwt)”选项；

(4)从“保存于”下拉列表框选择文件夹，如 D: \样板图；

(5)在“文件名”文字框中输入文件名称 A2。

友好提示：为了防止出现死机等意外情况，应注意及时存盘，将损失降为最低。

实验九　完整绘制建筑工程图

一、上机时数、与教材对应章节及适用专业

6 学时；第八章；土木、房建等专业。

二、实验目的

(1)熟练掌握利用样板图正确绘制建筑工程图的方法；
(2)掌握多线、样条曲线、图案填充、阵列、旋转、拉伸等命令的使用方法；
(3)掌握利用“夹点”编辑图形的方法。

三、实验内容

由教师根据具体情况，选择 2 ~ 3 个图形来完成。

(1)利用样板图合理使用命令及编辑方法，按规定比例，正确绘制如图 9-1 所示的建筑总平面图。具体要求如下：

• 合理利用图层，按 1∶1 的绘图比例，绘制各图形；然后利用 Scale 命令，按要求将图形缩放为 1∶500(新建办公楼总尺寸参见图 9-2，其余未标注尺寸自定)；

• 按国标规定标注文字及绘制各种符号。

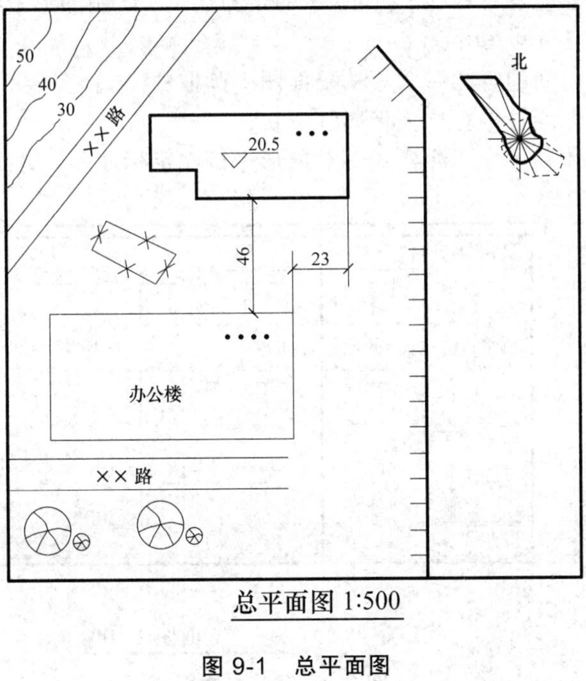

图 9-1　总平面图

(2)参考如图 9-2 所示的建筑平面图，绘制图 9-3 及图 9-4 所示的建筑立面图和剖面图。具体要求如下：

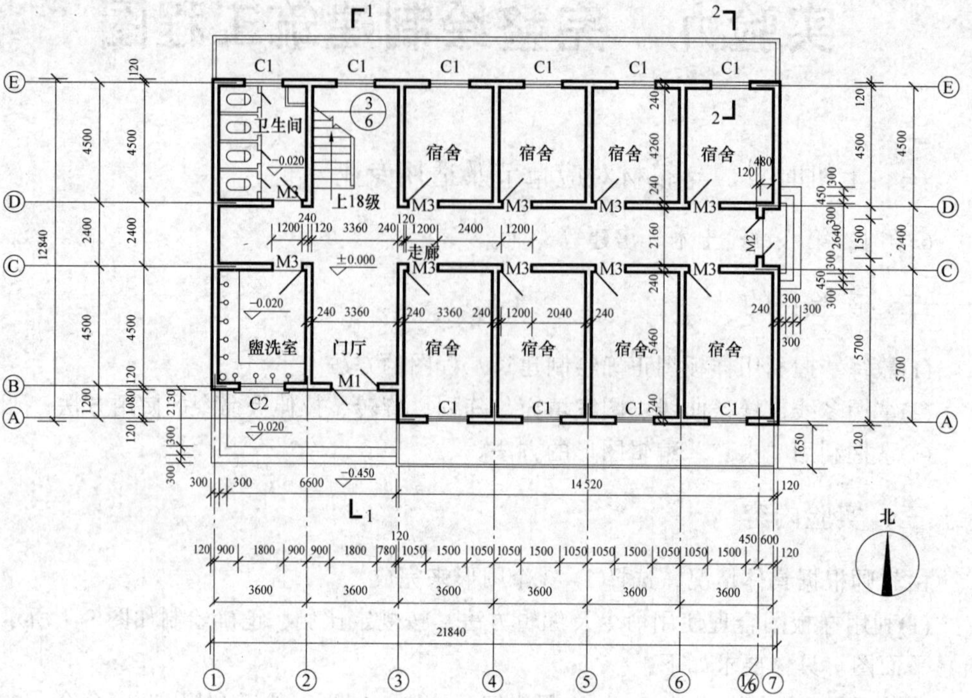

底层平面图 1:100

图 9-2　建筑平面图

• 合理使用图层及各种命令，按 1∶1 的绘图比例，绘制图形，然后利用 Scale 命令，按要求将图形缩放为 1∶100；

• 各轴线及门窗间的定位尺寸等从平面图中读取；

• 标高符号、轴线符号等均为带属性图块；

• 选择合适字体和尺寸标注样式，对图形进行文字标注和尺寸标注。

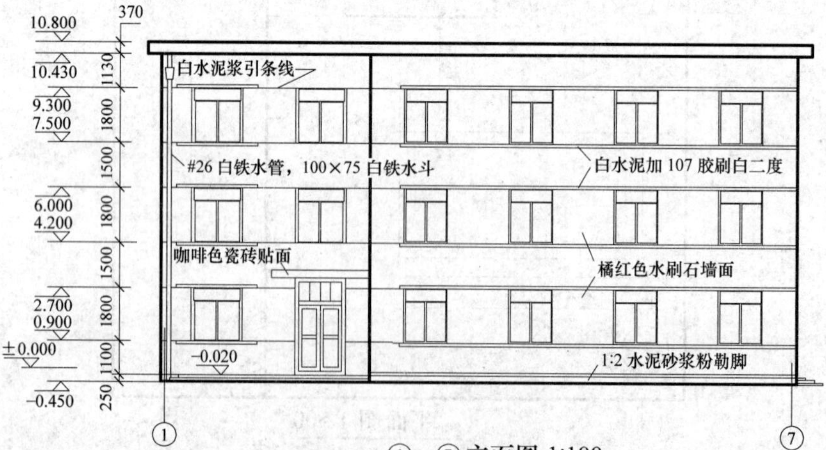

①—⑦立面图 1:100

图 9-3　建筑立面图

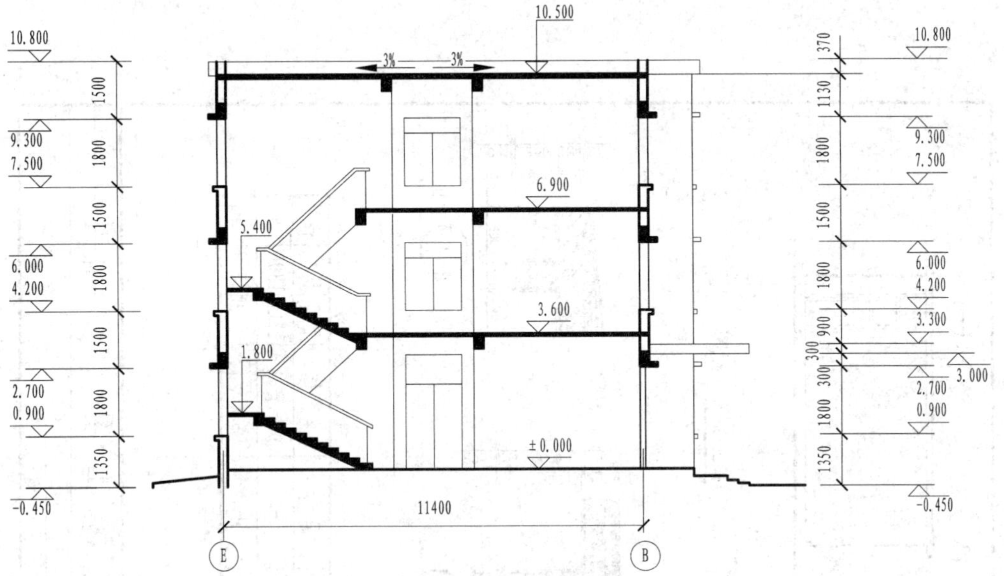

1—1 剖面图 1:100

图 9-4　建筑剖面图

(3)利用样板图，合理使用命令及编辑方法，按规定比例，正确绘制如图 9-5 所示的建筑施工图。具体要求如下：

• 合理利用图层，按 1∶1 的绘图比例，绘制各图形；然后利用 Scale 命令，按要求将图形缩放为 1∶100 和 1∶20；

• 选择合适图案和填充比例对详图进行填充；

• 创建轴线符号、标高符号、索引符号及详图符号等带属性图块(已有图块，可直接使用)，并按要求插入；

• 利用“表格”工具，绘制门窗表；

• 选择合适字体和尺寸标注样式，对图形进行文字标注和尺寸标注；

• 将图形置于 A3 图幅内。

四、与本实验相关主要命令

Mline(Ml——多线)；Spline(Spl——样条曲线)；Bhatch(h——图案填充)；Array(Ar——阵列)；Rotate(Ro——旋转)；Stretch(S——拉伸)；Offset(O——偏移)；Trim(Tr——修剪)；Mirror(Mi——镜像)；Scale(Sc——缩放)；Insert(I——插入图块)；夹点编辑方法；Text(Dt——单行文字)或 Mtext(Mt——多行文字)；Table(Tb——绘制表格)；Dimlinear(Dli——线性标注)；Dimcontinue(Dco——连续标注)。

五、实验步骤

(一)打开文件

打开实验八中创建的“A3.dwt”文件；

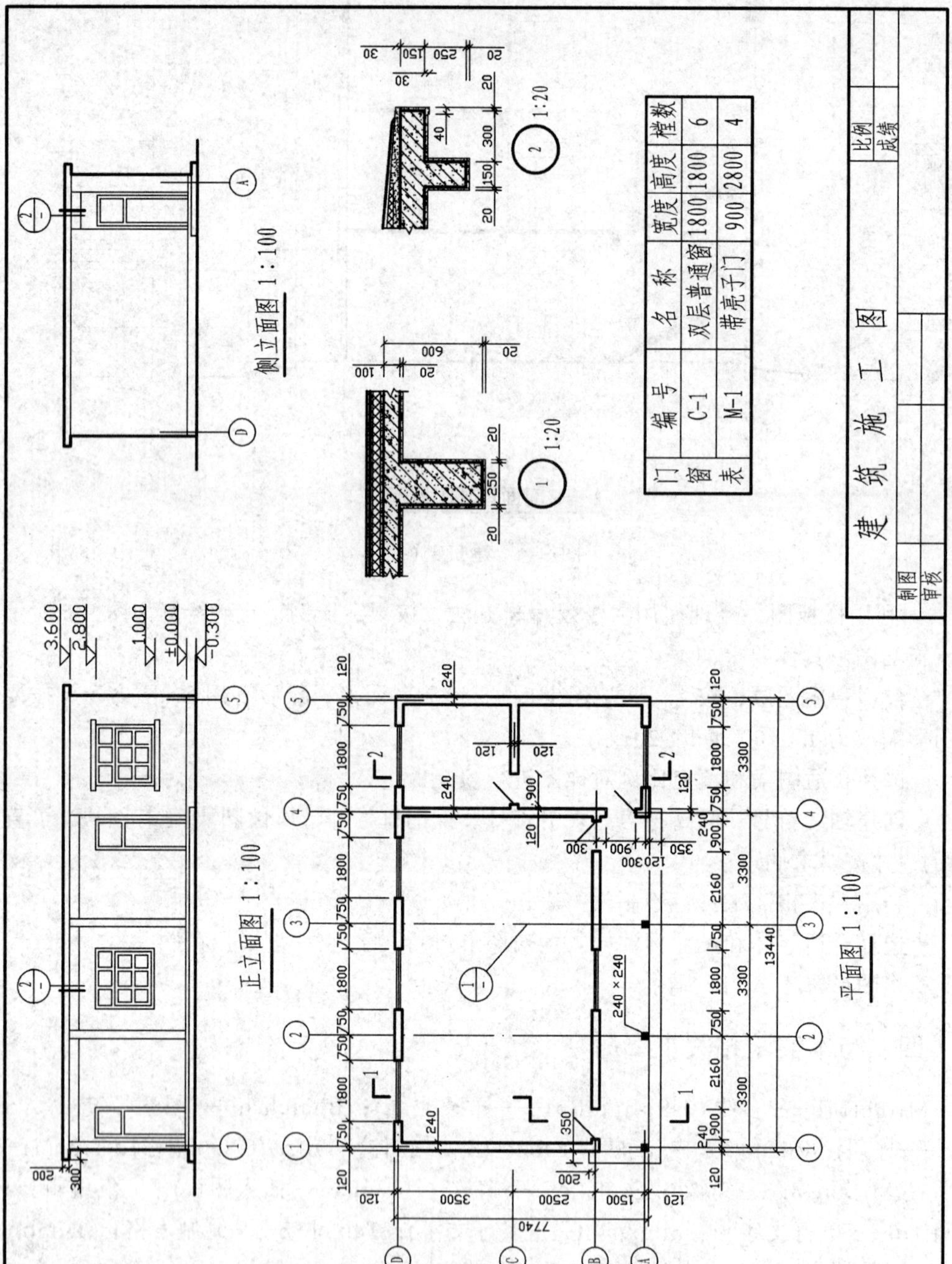
正立面图 1:100
侧立面图 1:100
平面图 1:100
门窗表
编号 名称 宽度 高度 樘数
C-1 双层普通窗 1800 1800 6
M-1 带亮子门 900 2800 4
建筑施工图
比例
成绩
制图
审核

图 9-5 建筑施工图

(二)绘制总平面图

合理使用各种设置，绘制图 9-1 所示的总平面图。

(1)参照图 9-2 尺寸绘制新建办公楼平面轮廓线；

(2)根据图 9-1 中的定位尺寸，绘制已有办公楼平面轮廓线；

(3)沿水平方向绘制拆除建筑物轮廓，其中“×”标志只需绘制一个，其余利用 Copy 或 Array 命令完成；然后参照图 9-1，将其旋转适当角度；

(4)利用 Line 命令结合 Array 命令，绘制东侧围墙轮廓(在学习教材第九章之后，可考虑重新绘制该围墙轮廓的方法)；

(5)利用 Mline 命令(或 Line 命令结合 Offset 命令)，绘制西北方向和正南方向两条道路轮廓线；

(6)利用 Circle 命令结合 Spline 命令，参照图 9-1 所示位置，绘制一个绿化图例，然后复制一个并利用 Scale 命令缩放，生成一组，再复制出另一组；

(7)利用 Spline 命令，参照图 9-1 所示位置，绘制等高线；

(8)对图形进行文字标注、尺寸标注、标高标注及楼层层高标注(表示层高的“·”符号，可采用 Circle 命令结合 Bhatch 命令——选择 Solid 图案绘制；在学习教材第九章之后，可采用 Donut 命令直接绘制)；

(9)利用 Line 命令结合夹点编辑方法绘制风向频率玫瑰图(由于图中未给定尺寸，所以仅要求掌握绘制方法)。

绘制风向频率玫瑰图，可参考下述步骤：

• 绘制一条适当长度的水平直线(也可沿其他方向)，选择该直线，在直线的中点和两端点出现三个“夹点”标志，如图 9-6(a)所示。

• 单击中点位置上的夹点，命令行会出现如下提示，按提示做如下操作，操作结果如图 9-6(b)所示。

(a)“夹点”显示　　(b)旋转复制直线　　(c)绘制结果

图 9-6　风向频率玫瑰图

命令：

拉伸

指定拉伸点或[基点(B)/复制(C)/放弃(U)/退出(X)]：↓　　//按回车键；

移动

指定移动点或[基点(B)/复制(C)/放弃(U)/退出(X)]：↓　//按回车键；

旋转

指定旋转角度或[基点(B)/复制(C)/放弃(U)/参照(R)/退出(X)]：C↓

//输入字母 C 并回车；

旋转(多重)

指定旋转角度或[基点(B)/复制(C)/放弃(U)/参照(R)/退出(X)]：30↓

//输入旋转角度 30 并回车；

旋转(多重)

指定旋转角度或[基点(B)/复制(C)/放弃(U)/参照(R)/退出(X)]：60↓

//输入旋转角度 60 并回车；

旋转(多重)

指定旋转角度或[基点(B)/复制(C)/放弃(U)/参照(R)/退出(X)]：90↓

//输入旋转角度 90 并回车；

旋转(多重)

指定旋转角度或[基点(B)/复制(C)/放弃(U)/参照(R)/退出(X)]：120↓

//输入旋转角度 120 并回车；

旋转(多重)

指定旋转角度或[基点(B)/复制(C)/放弃(U)/参照(R)/退出(X)]：150↓

//输入旋转角度 150 并回车；

旋转(多重)

指定旋转角度或[基点(B)/复制(C)/放弃(U)/参照(R)/退出(X)]：↓

//按回车键结束命令，操作结果如图 9-6(b)所示。

• 利用夹点编辑方法，调整各线段长度，并按规定线型连接各端点，其中粗实线范围表示全年风向频率，虚线范围表示夏季风向频率。为图形绘制箭头，标注文字“北”，操作结果如图 9-6(c)所示。

(三)绘制建筑立面图

绘制如图 9-3 所示的建筑立面图，尺寸参考如图 9-2 所示的建筑平面图。

(1)参照图 9-2 的尺寸，合理利用图层，按 1∶1 的绘图比例，绘制办公楼外轮廓线、地坪线(1.4*b* 的特粗线)及③号墙线；

(2)合理利用图层，按尺寸分别绘制左上角处的 C–1、C–2、窗台及遮阳板；

(3)利用阵列命令按 3 行 2 列(行偏移值为–3300，列偏移值为 3600)生成全部 C–1 图形；再按 3 行 1 列(行偏移值为–3200，列偏移值任意)生成全部窗台及遮阳板；

(4)利用阵列命令按 3 行 2 列(行偏移值为–3300，列偏移值为 3600)生成全部 C–2 图形；删除右下角处的 C–2 图形，并绘制 M–1 及雨篷；

(5)利用缩放(Scale)命令，将图形按 1/100(即 0.01)的比例因子进行缩放；

(6)对图形进行文字标注、尺寸标注、标高标注及轴线符号标注等，并检查完善细节，完成立面图的绘制，得到如图 9-3 所示的建筑立面图。

(四)绘制建筑剖面图

绘制如图 9-4 所示的建筑剖面图，尺寸参考如图 9-2 所示的建筑平面图。

(1)合理利用图层，按 1∶1 的绘图比例，绘制Ⓑ、Ⓔ轴线，生成墙体并编辑细节，完成外部轮廓绘制；

(2)参照教材图 8-39 所示步骤绘制楼梯部分，并完成楼板绘制；

(3)采用细实线绘制Ⓒ、Ⓓ墙轮廓线及一层的 M–2 轮廓和二、三层的 C–1 轮廓；

(4)利用缩放(Scale)命令，将图形按 1/100(即 0.01)的比例因子进行缩放；

(5)对图形进行文字标注、尺寸标注、标高标注及轴线符号标注等，并检查完善细节，完成剖面图的绘制，得到如图 9-4 所示建筑剖面图。

(五)绘制建筑施工图

绘制如图 9-5 所示的建筑施工图。

(1)分别按 1∶1 的绘图比例，绘制平面图、正立面图、侧立面图及两个详图的全部图形轮廓线；

(2)利用缩放(Scale)命令，将图形分别按 1/100(即 0.01)和 1/20(即 0.05)的比例因子进行缩放；

(3)采用适当图案和填充比例，对详图进行图案填充；

(4)分别对每个图形进行文字标注、尺寸标注、标高标注、轴线符号标注及索引符号、详图符号、剖切符号等标注；

(5)利用绘制表格(Table)命令，完成门窗表，检查完善细节；

(6)将全部内容置于 A3 幅面中，完成图 9-5 所示建筑施工图的绘制。

(六)保存文件

单击按钮，保存“CAD 实验.dwg”文件。

友好提示：为了防止出现死机等意外情况，应注意及时存盘，将损失降为最低。

实验十　完整绘制室内给水排水工程图

一、上机时数、与教材对应章节及适用专业

6 学时；第八章；给水排水专业。

二、实验目的

(1)熟练掌握利用样板图正确绘制室内给水排水平面图的方法；
(2)熟练掌握利用极轴追踪正确绘制室内给水排水系统图的方法；
(3)掌握多线、样条曲线、图案填充、阵列、旋转、拉伸等命令的使用方法；
(4)掌握利用“夹点”编辑图形的方法。

三、实验内容

由教师根据具体情况，选择 2 ~ 3 个图形。

(1)利用样板图，合理使用命令及编辑方法，按规定比例，正确绘制实验九中图 9-1 所示的建筑总平面图。具体要求及绘制步骤参见实验九。

(2)绘制如图 10-1 所示的室内给水排水平面图。具体要求所下：

• 合理使用图层及各种命令，按 1∶1 的绘图比例绘制图形，然后利用 Scale 命令，按要求将图形缩放为 1∶50；
• 标高符号、轴线符号、给水及排水管编号等均为带属性图块；
• 各种附件、卫生器具等均定义为图块；
• 选择合适字体和尺寸标注样式等，对图形进行各种文字标注。

(3)绘制如图 10-2 所示的室内排水管道系统图。具体要求如下：

• 合理使用图层及各种命令，按 1∶1 的绘图比例绘制图形，然后利用 Scale 命令，按要求将图形缩放为 1∶50；
• 系统图中的未标注尺寸从平面图中读取；
• 标高符号、轴线符号、给水及排水管编号等均为带属性图块；
• 各种附件、配件等均定义为图块；
• 选择合适字体，对图形进行各种文字标注。

(4)绘制如图 10-3 所示的室内给水管道系统图。具体要求如下：

• 合理使用图层及各种命令，按 1∶1 的绘图比例绘制图形，然后利用 Scale 命令，按要求将图形缩放为 1∶50；
• 系统图中的未标注尺寸从平面图中读取；
• 标高符号、轴线符号、给水及排水管编号等均为带属性图块；
• 各种附件、配件等均定义为图块；
• 选择合适字体对，图形进行各种文字标注。

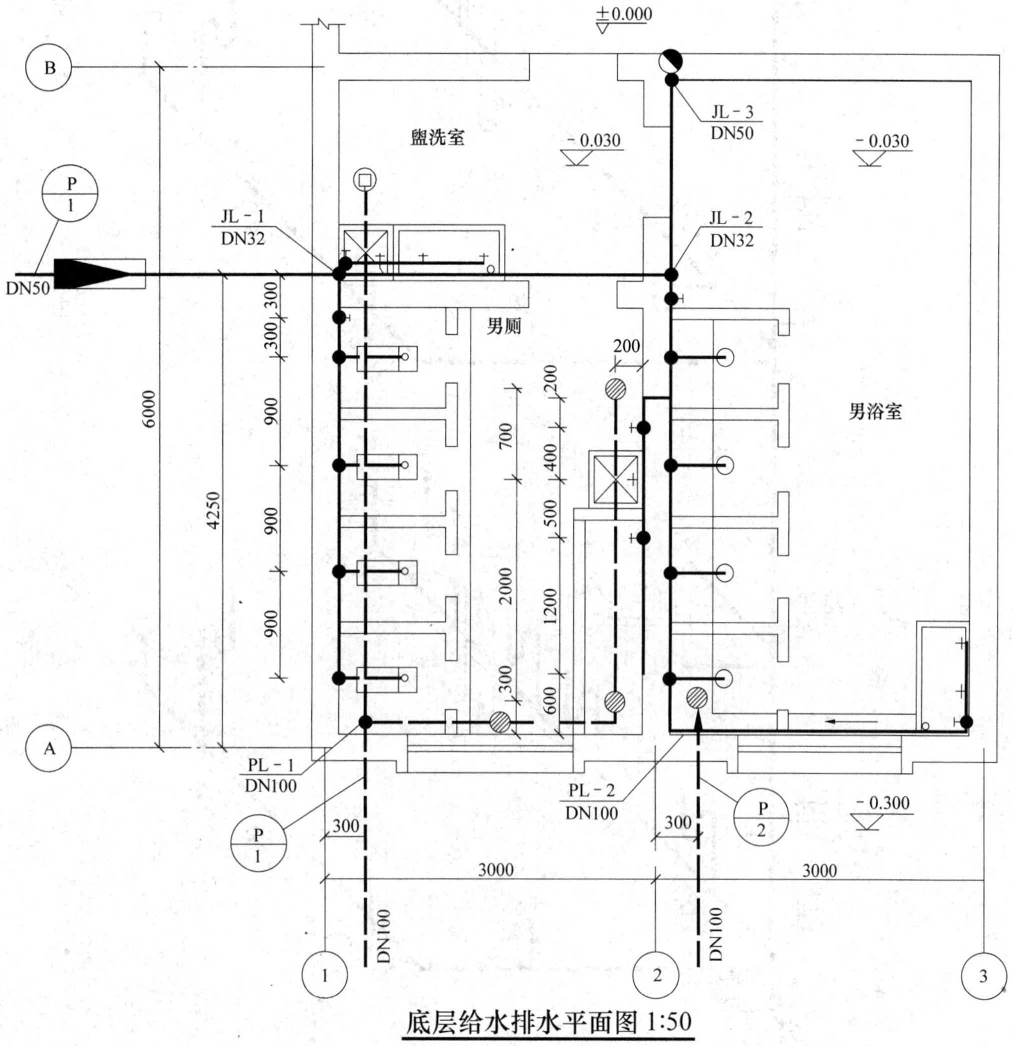

图 10-1　室内给水排水平面图

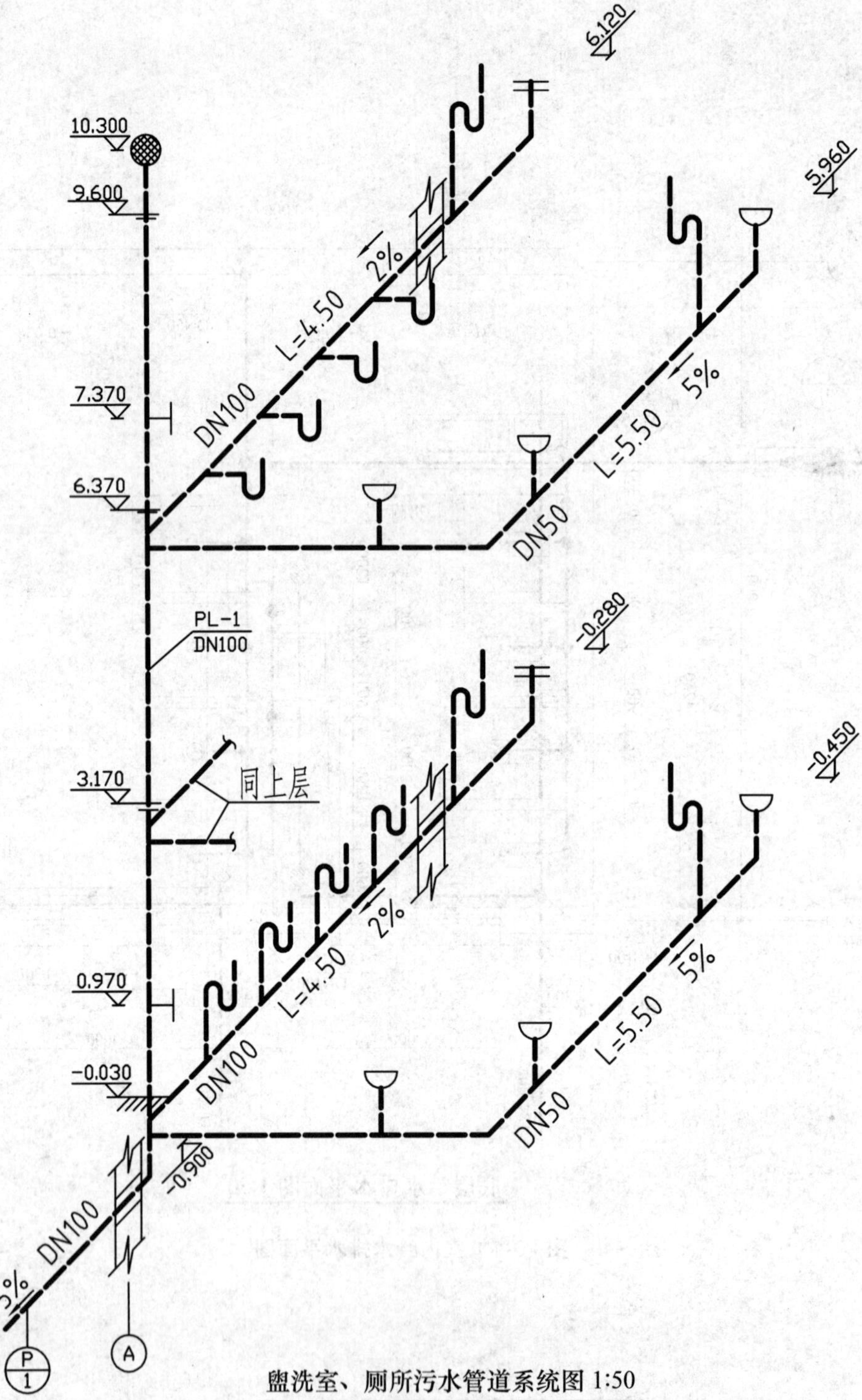

盥洗室、厕所污水管道系统图 1:50

图 10-2　室内排水管道系统图

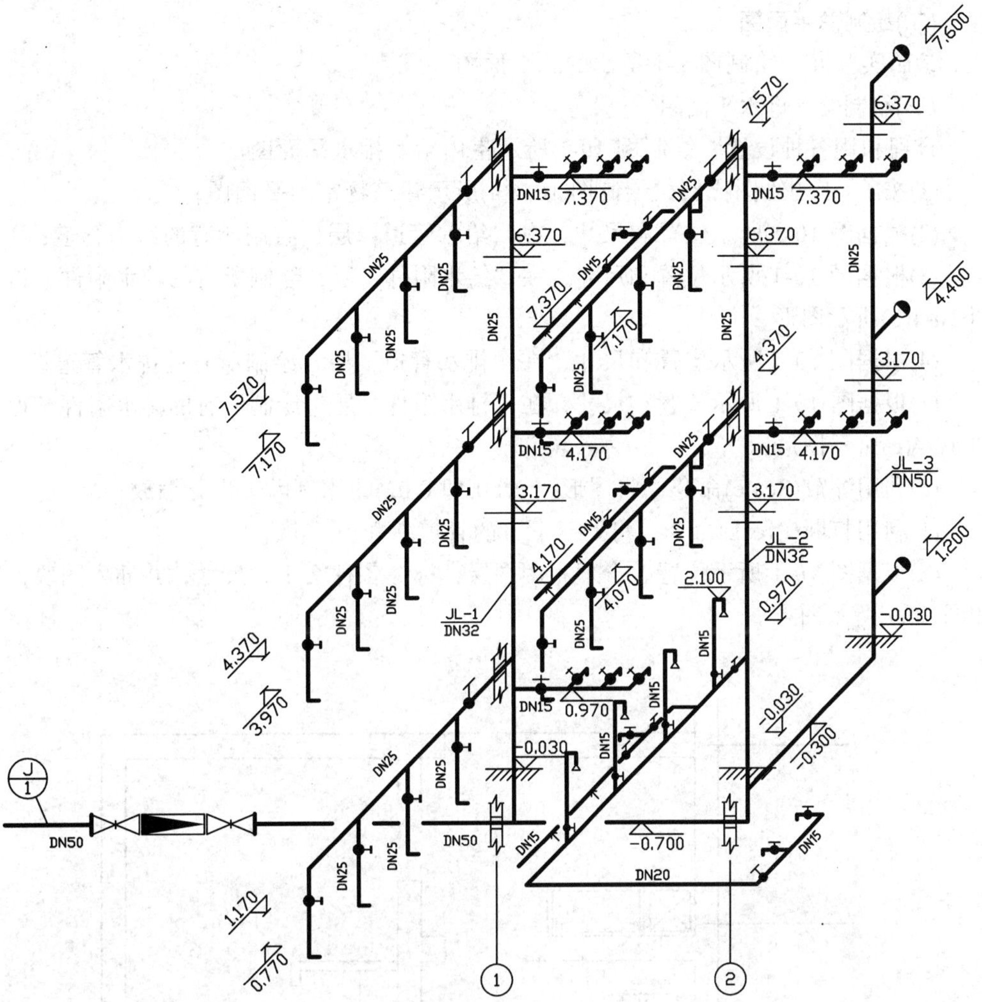

室内给水管道系统图 1:50

图 10-3　室内给水管道系统图

四、与本实验相关主要命令

Mline(Ml——多线); Spline(Spl——样条曲线); Bhatch(h——图案填充); Array(Ar——阵列); Rotate(Ro——旋转); Stretch(S——拉伸); Offset(O——偏移); Trim(Tr——修剪); Mirror(Mi——镜像); Scale(Sc——缩放); Break(Br——打断); Insert(I——插入图块); 夹点编辑方法; Text(Dt——单行文字)或 Mtext(Mt——多行文字); Dimlinear(Dli——线性标注); Dimcontinue(Dco——连续标注)。

五、实验步骤

(一)打开文件

打开实验八中创建的“A3.dwt”文件。

(二)绘制总平面图

参照实验九，绘制图 9-1 所示的总平面图。

(三)绘制给水排水平面图

合理利用各种设置，绘制图 10-1 所示室内给水排水平面图。

(1)按 1∶1 的绘图比例，绘制图 10-4(a)所示建筑物室内平面图；

(2)根据图 10-1 所示位置和尺寸，在“给水管道”层，绘制所有的给水管道；

(3)根据图 10-1 所示位置和尺寸，在“给水附件”层，绘制所有的给水附件，得到如图 10-4(b)所示图形；

(4)根据图 10-1 所示位置和尺寸，在“排水管道”层，绘制所有的排水管道；

(5)根据图 10-1 所示位置和尺寸，在“排水附件”层，绘制所有的排水附件，得到如图 10-4(c)所示图形；

(6)利用缩放(Scale)命令，将图形按 1/50(即 0.02)的比例因子进行缩放；

(7)利用打断(Break)命令，将处于下方的管道断开；

(8)根据图 10-1 所示位置，合理利用图层，标注各种文字、尺寸，并插入图块，得到如图 10-1 所示图形。

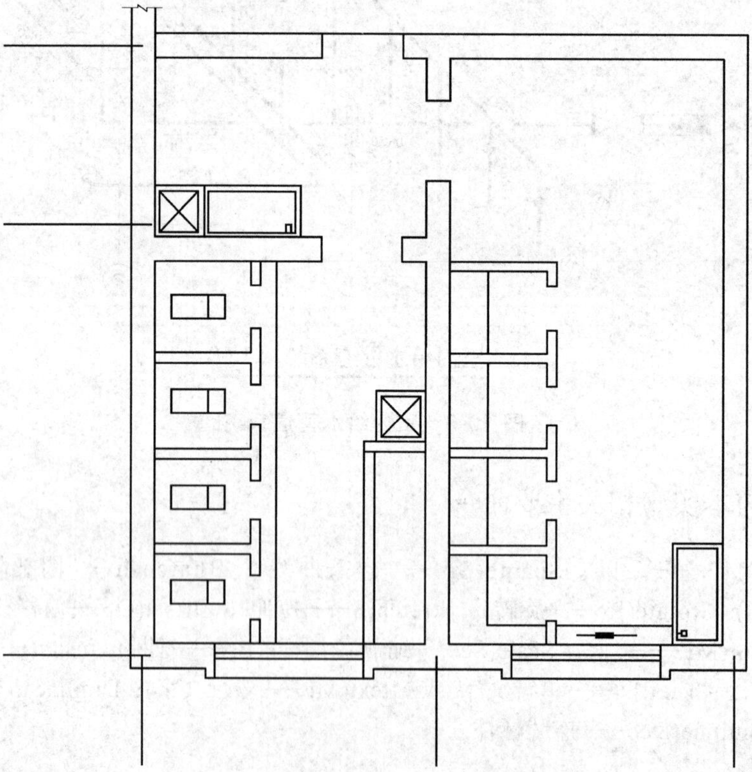

(a)

图 10-4　室内给水排水平面图绘制步骤

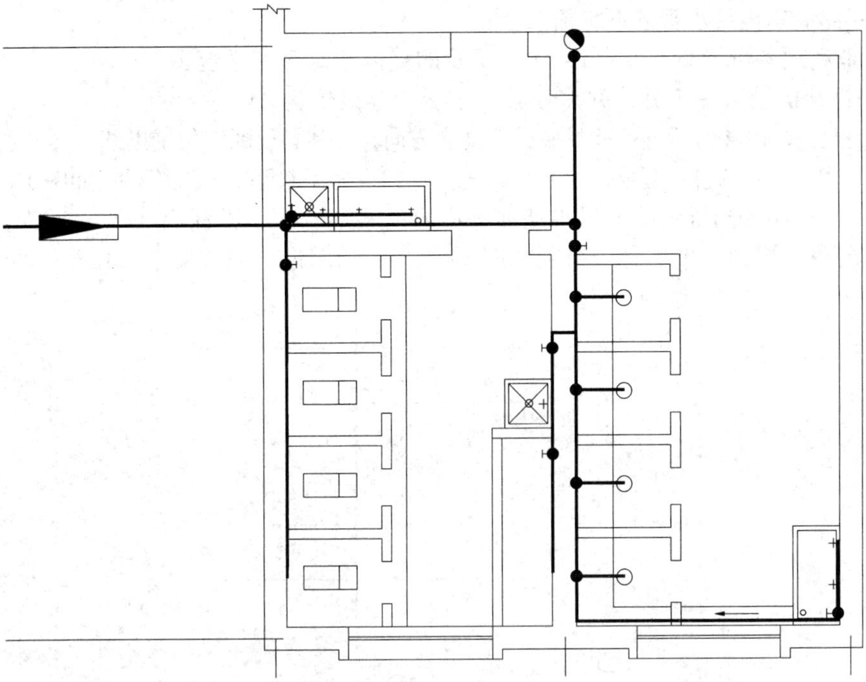

(b)

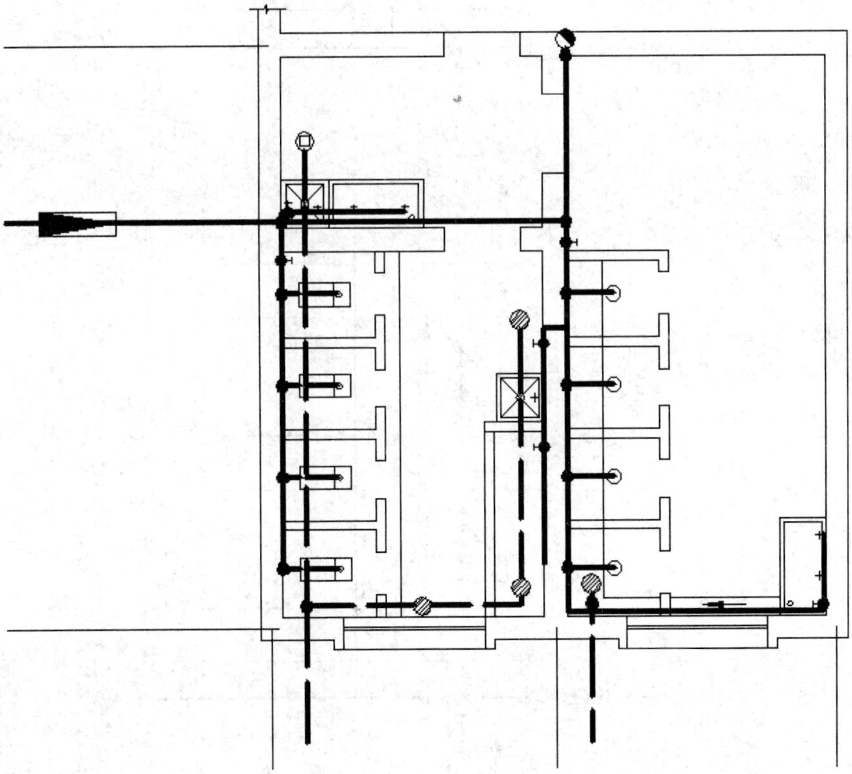

(c)

续图 10-4

(四)绘制室内给水管道系统图

合理利用各种设置，绘制图 10-3 所示的室内给水管道系统图。

(1)打开极轴追踪工具，并将极轴“增量角”设置为 45°；

(2)根据图 10-2 所示各标高尺寸，沿高度方向，绘制必要的定位辅助线，再分别利用“给水管道”和“给水附件”层绘制给水引入管、一组立管、水平支管及附件，如图 10-5(a)所示；

(3)为图 10-5(a)所示图形增加墙体等必要的图形轮廓，再利用 Array 或 Copy 命令，得到二层和三层的水平支管，得到如图 10-5(b)所示图形，完成关于“JL-1”的绘制；

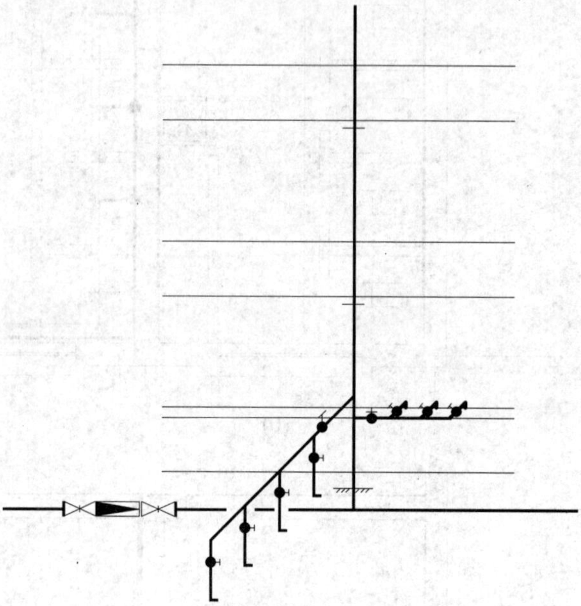

(a)

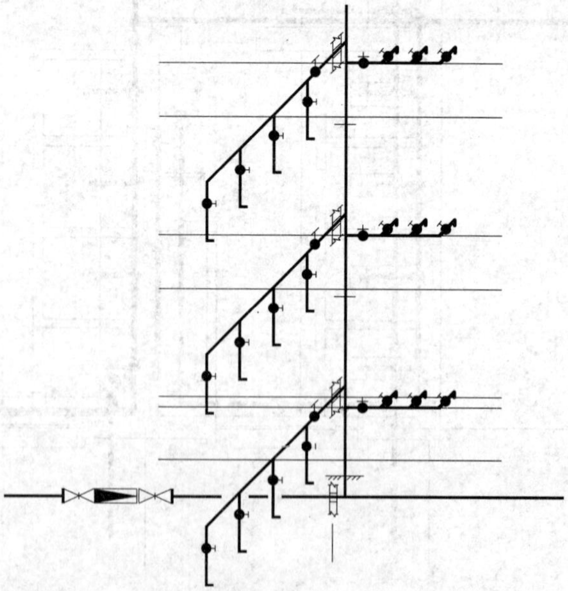

(b)

图 10-5　绘图步骤

(4)合理利用各种绘图及修改命令，完成“JL-2”和“JL-3”的绘制；

(5)利用缩放(Scale)命令，将图形按 1/50(即 0.02)的比例因子进行缩放；

(6)利用打断(Break)命令，将处于下方和后方的管道断开；

(7)根据图 10-3 所示位置，合理利用图层，标注各种文字、尺寸，并插入图块，得到如图 10-3 所示图形。

(五)绘制室内排水管道系统图

合理利用各种设置，绘制图 10-2 所示的室内排水管道系统图，参照图 10-3 的绘制步骤完成图 10-2。

(六)保存文件

单击按钮，保存“CAD 实验.dwg”文件。

友好提示：为了防止出现死机等意外情况，应注意及时存盘，将损失降为最低。

实验十一 完整绘制水利水电工程图

一、上机时数、与教材对应章节及适用专业

6学时；第八章；水利类专业

二、实验目的

(1)进一步灵活应用CAD绘图和修改命令绘制较复杂的水利水电工程图；
(2)合理利用Bhatch命令，按照图形要求创建和编辑图案填充；
(3)灵活运用尺寸标注和编辑命令，完成对图形尺寸的合理标注；
(4)合理利用单行文字和多行文字的注写和编缉命令完成图形的文字说明。

三、实验内容

(1)为实验七中图 7-1(b)所示图形绘制填充图例，完成如图 11-1 所示的 U 形槽槽身横断面图；

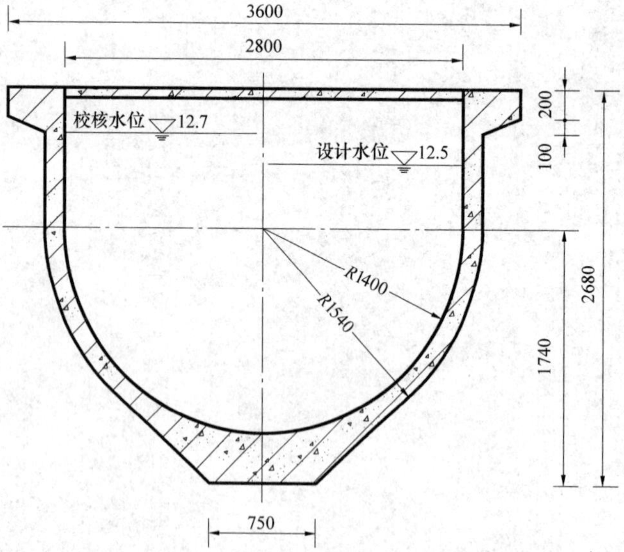

图 11-1 U 形槽槽身横断面

(2)绘制如图 11-2 所示的砌石坝段纵剖面图；
(3)绘制如图 11-3 所示的渡槽槽身结构图；
(4)绘制如图 11-4 所示的水闸纵剖面图。

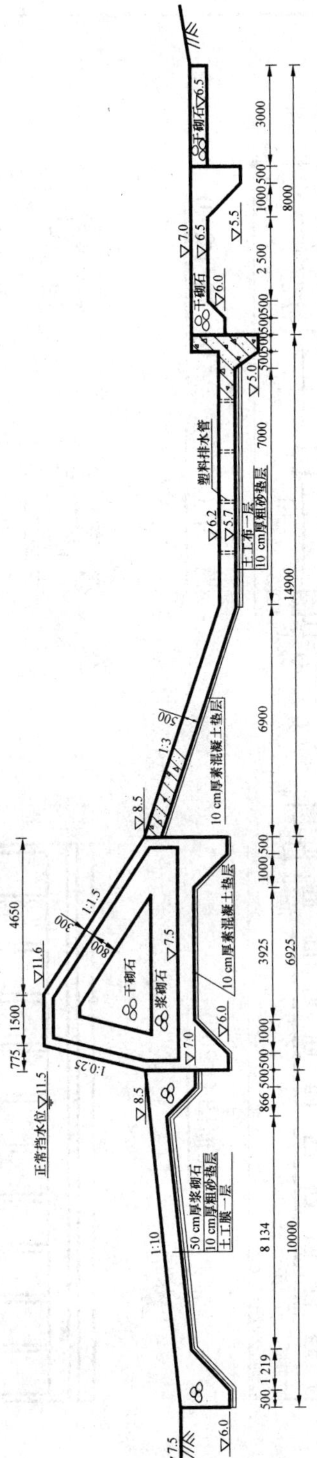

图 11-2　砌石坝段纵剖面图

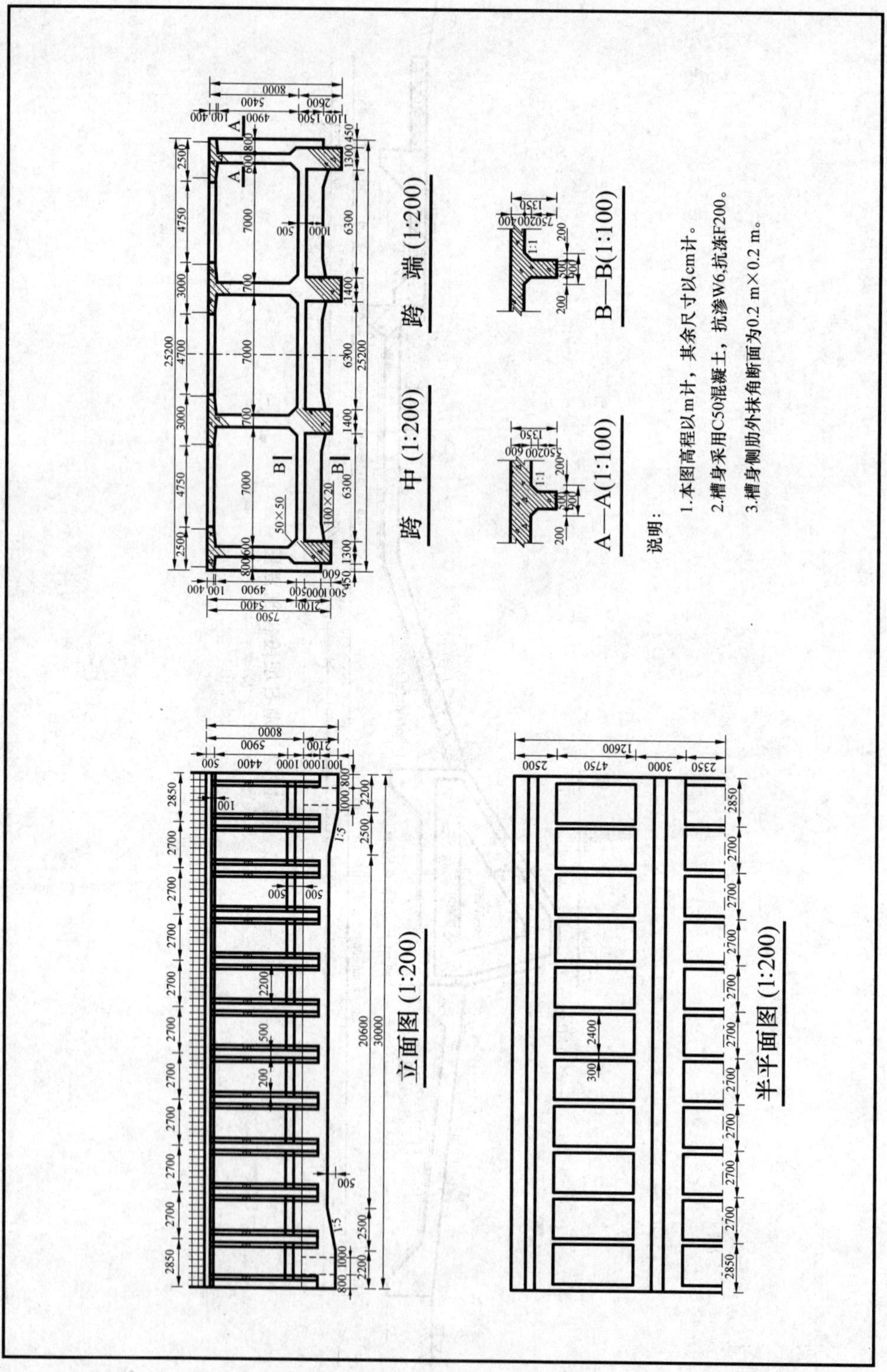
跨 中 (1:200)
跨 端 (1:200)
A—A(1:100)
B—B(1:100)
立面图 (1:200)
半平面图 (1:200)
说明：
1.本图高程以m计，其余尺寸以cm计。
2.槽身采用C50混凝土，抗渗W6,抗冻F200。
3.槽身侧肋外抹角断面为0.2 m×0.2 m。

图 11-3　渡槽身结构图

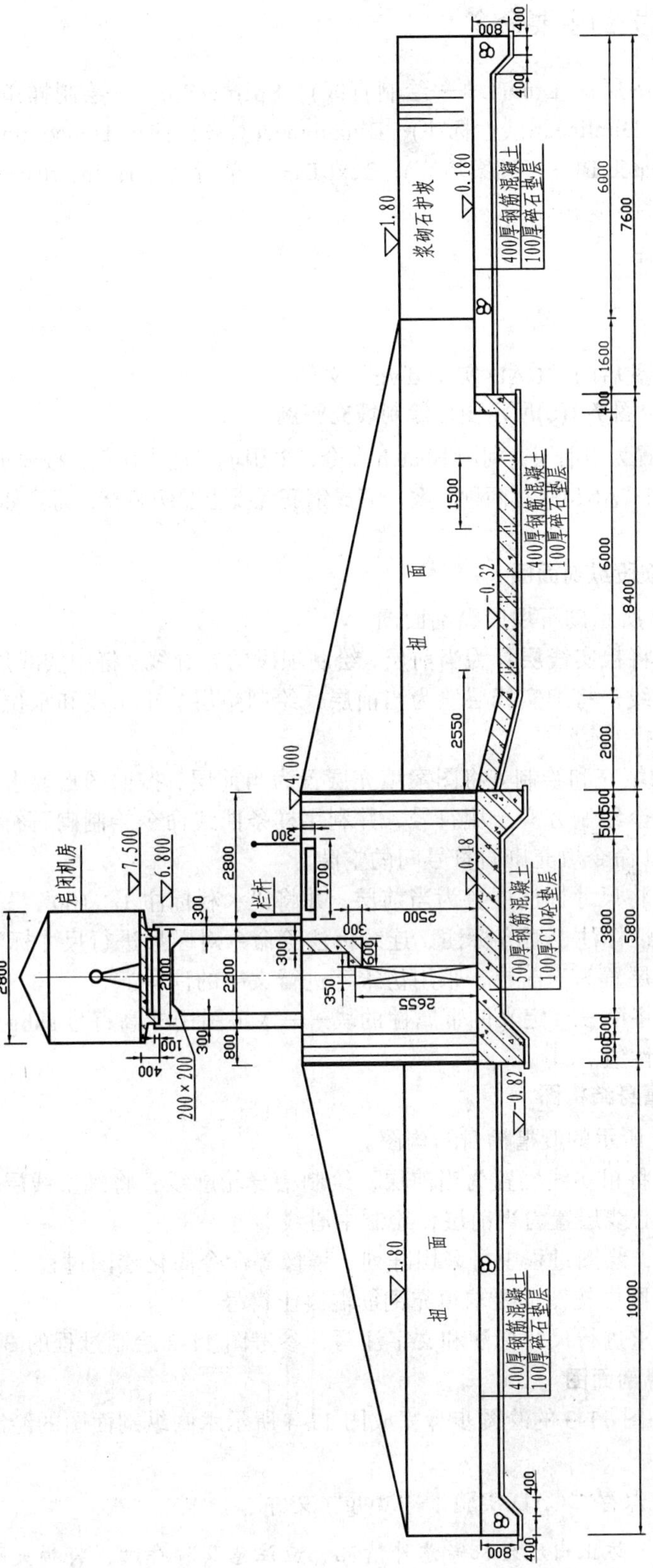
启闭机房
栏杆
浆砌石护坡
扭面
400厚钢筋混凝土
100厚碎石垫层
500厚钢筋混凝土
100厚C10砼垫层
200×200
7.500
6.800
4.000
1.80
0.180
0.18
-0.32
-0.82
10000
5800
8400
7600
6000
2800
2200
2500
2655
1700
2550
1500

图 11-4　水闸纵剖面图

四、与本实验相关的主要命令

Layer(La——图层)；Line(L——绘制直线)；Spline(Spl——绘制样条曲线)；Osnap(Os——对象捕捉)；Dimlinear(线性标注)；Dimaligned(对齐标注)；Dimcontinue(连续标注)；Explode(分解)；Bhatch(Bh——图案填充)；Text(Dt——单行文字)；Insert(I——插入图块)；Properties(Pr——特性)。

五、实验步骤

(一)打开文件

打开实验八存盘后的“CAD 实验.dwg”文件。

(二)为实验七中图 7-1(b)所示图形绘制填充图例

将图案填充层置为当前层，利用 Bhatch 命令，采用填充适当比例，按要求分别为图形填充“AR–CONC”和“ANSI31”两种图案，完成钢筋混凝土图例填充，得到如图 11-1 所示的 U 形槽身横断面图。

(三)绘制砌石坝段纵剖面图

绘制如图 11-2 所示砌石坝段纵剖面图：

(1)绘制图线。将粗实线层置为当前层，绘制坝段的轮廓线；将中实线层置为当前层，绘制坝体材料分区线；将细实线层置为当前层，绘制垫层、土工膜和水位线；将虚线层置为当前层，绘制排水管。

(2)图例符号的填充和绘制。将图案填充层置为当前层，按照图形要求填充钢筋混凝土符号。利用 L 命令绘制夯实土壤符号，并利用样条曲线命令绘制砌石符号，浆砌石符号还需要利用 Solid 命令填充砌石符号间的空隙。

(3)尺寸标注。将尺寸标注层置为当前层，并将“水利标注 1：100”置为当前的标注样式，分别利用线性标注、对齐标注、连续标注等命令对图形进行尺寸标注。

(4)将文字标注层置为当前层，采用仿宋字进行文字的注写。

(5)利用 I 命令将第三章定义的带属性的块——水工图用标高符号 shbg 插入到相应位置，并修改标高属性值。

(四)绘制渡槽槽身结构图

绘制如图 11-3 所示的渡槽槽身结构图。

(1)绘制图线。将粗实线层置为当前层，绘制槽身轮廓线；将细实线层置为当前层，绘制坡度线；将中心线层置为当前层，绘制中心线。

根据图形特点，绘图过程中可采用阵列、镜像等命令简化绘图过程。

(2)在槽身剖面图中按图形要求填充钢筋混凝土符号。

(3)按照图形要求进行尺寸标注和文字注写，参考图 11-2 绘制过程的(3)和(4)。

(五)绘制水闸纵剖面图

参考图 11-2 和图 11-3 的绘图步骤完成图 11-4 所示水闸纵剖面图的绘制。

(六)保存文件

单击按钮，保存“CAD 实验十一.dwg”文件。

友好提示：为了防止出现死机等意外情况，应注意及时存盘，将损失降为最低。

实验十二　绘制工程结构图

一、上机时数、与教材对应章节及适用专业

2 学时；第九章；所有专业。

二、实验目的

(1)熟练掌握利用多段线、圆环、矩形、定数等分、定距等分等命令绘制钢筋的方法；
(2)熟练掌握绘制钢筋混凝土结构图的方法。

三、实验内容

正确绘制如图 12-1 所示的单跨简支梁结构图。具体要求如下：

(1)合理使用各种命令，按规定的绘图比例绘制简支梁断面图、立面图及钢筋详图；其中钢筋编号应为带属性图块(圆采用细实线绘制，直径为 6，可查阅附录Ⅰ)。

(2)利用表格绘制方法(也可直接绘制)绘制钢筋表。

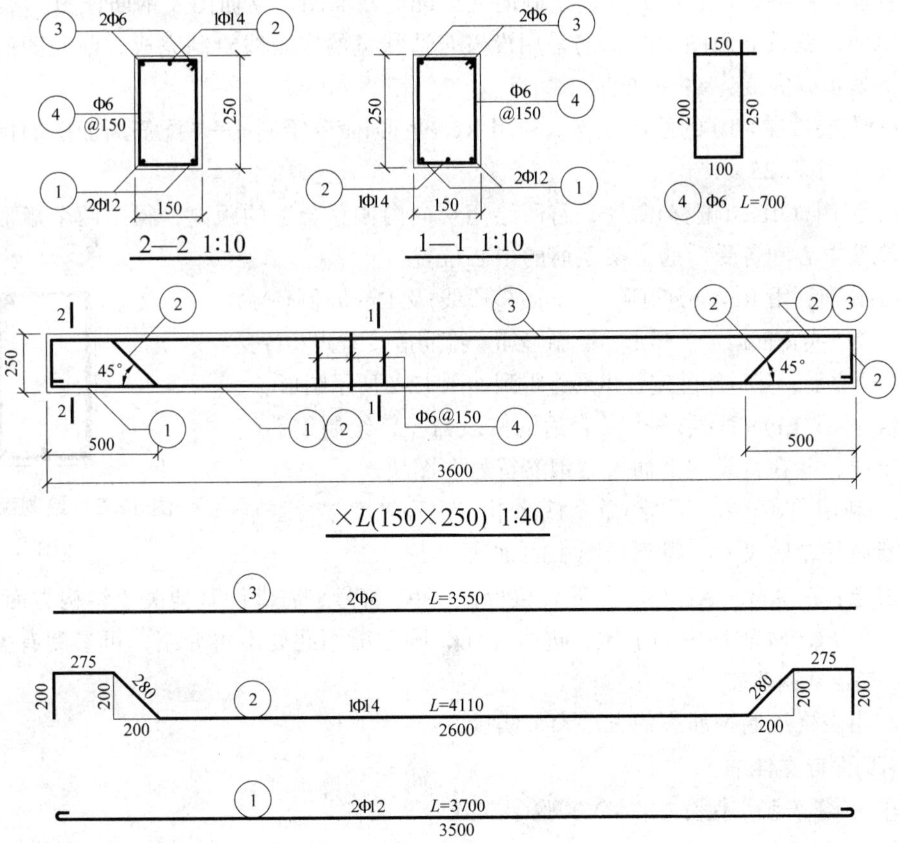

图 12-1　单跨简支梁结构图

钢筋表

编号	规格	简图	单根长度(mm)	根数	总长(m)	重量(kg)
①	Φ12		3700	2	7.40	7.53
②	Φ14		4110	1	4.11	4.96
③	Φ6		3550	2	7.10	1.58
④	Φ6		700	24	16.80	3.75

续图 12-1

四、与本实验相关主要命令

Pline(Pl——多段线)；Donut(Do——圆环)；Rectang(Rec——矩形)；Divide(Div——定数等分)；Measure(Me——定距等分)；Text(Dt——单行文字)。

五、实验步骤

(一)打开文件

打开实验九或实验十、实验十一存盘后的“CAD 实验.dwg”文件。

(二)绘制简支梁配筋断面图、立面图及钢筋详图

合理利用各种设置和命令，绘制简支梁配筋断面图、立面图及钢筋详图。

钢筋详图及立面图中的钢筋采用设置合适线宽的多段线绘制完成，断面图的绘制可参考下列步骤完成：

(1)直接按 1∶10 的绘图比例，利用 Rec(矩形)命令绘制 1—1 配筋断面图的保护层外轮廓线(尺寸为 25×15)。

(2)利用 Offset(偏移)命令，将所绘矩形向内偏移合适的距离，得到两个矩形，用以确定箍筋中心和各受力筋、架立筋的中心位置。

(3)分别利用 Rectang(矩形)、Pline(多段线)及 Donut(圆环)命令，以合适线宽依据定位矩形，绘制箍筋、箍筋搭接弯钩及各受力筋、架立筋，然后删除定位矩形，得到如图 12-2 所示图形。

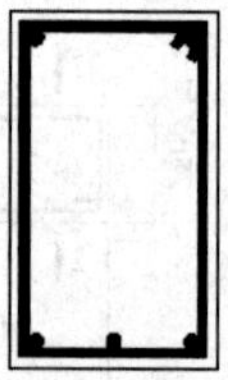

图 12-2　绘制配筋断面图

(4)利用 Line(直线)命令及合适的修改命令，绘制钢筋编号引出线，并在直线端部插入“钢筋符号”图块。

(5)利用 Text(单行文字)命令标注钢筋代号等文字，最后标注断面外轮廓尺寸，得到如图 12-1 所示图形。

注意：在 AutoCAD 中，不能直接标注“Φ”符号，需借助其他关于结构方面的 CAD 软件，如 PKPM 软件中的字体，进行标注，限于篇幅此处不再介绍，可参阅有关书籍。

(三)绘制钢筋表

利用表格绘制钢筋表的方法参考实验六。

(四)保存文件

单击按钮，保存“CAD 实验十二.dwg”文件。

友好提示：为了防止出现死机等意外情况，应注意及时存盘，将损失降为最低。

实验十三　三维建模简介

一、上机时数、与教材对应章节及适用专业

2 学时；第十一章；所有专业。

二、实验目的

(1)了解三维模型的分类方法；
(2)掌握 UCS 坐标系的使用方法；
(3)掌握三维模型的视觉样式和观察三维模型的主要方法；
(4)掌握创建三维实体模型的主要方法；
(5)掌握利用布尔运算创建复杂三维实体的方法；
(6)掌握编辑三维实体模型的主要方法。

三、实验内容

(1)利用 Box 命令，创建两个 50×40×30 的长方体，并显示为“三维隐藏视觉样式”，如图 13-1(a)所示；利用 3dmove 命令，使两长方体底边中点 *A* 与 *B* 重合，得到如图 13-1(b)所示图形；然后利用布尔运算，结合复制命令分别得到如图 13-2 所示图形。

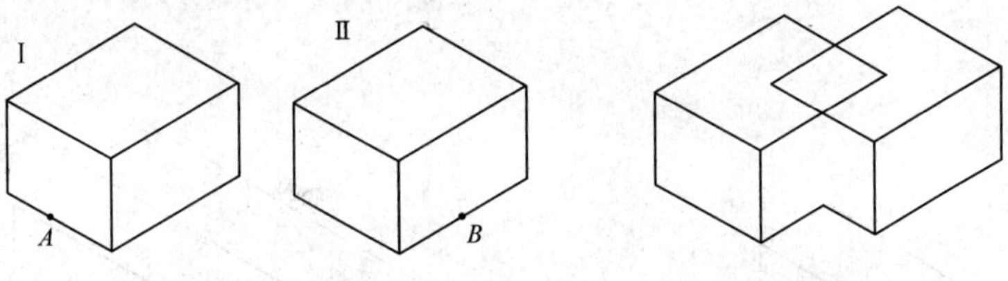

(a)创建长方体　　(b)移动长方体

图 13-1　创建长方体模型

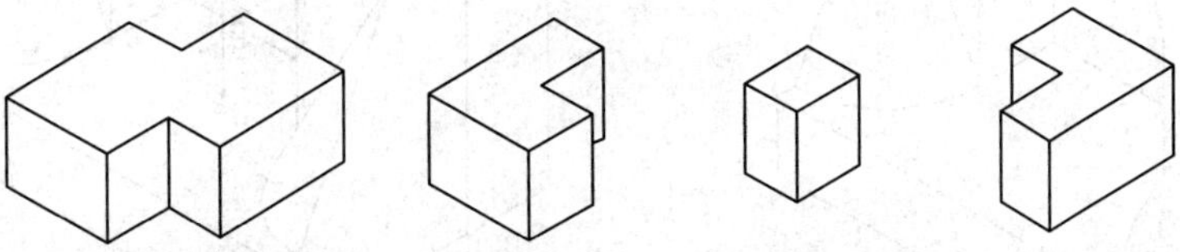

(a)并集　(b)差集　(c)差集　(d)交集

图 13-2　布尔运算结果

(2)创建如图 13-3(a)所示的房屋实体模型，模型尺寸参见图 13-3(b)、(c)(适用于土建类专业)。

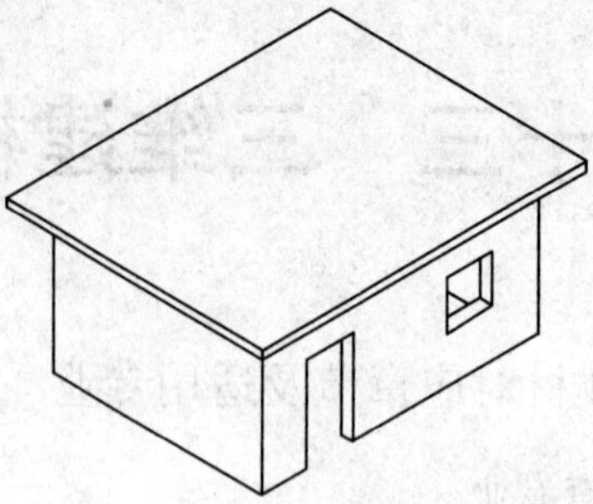

(a)房屋模型

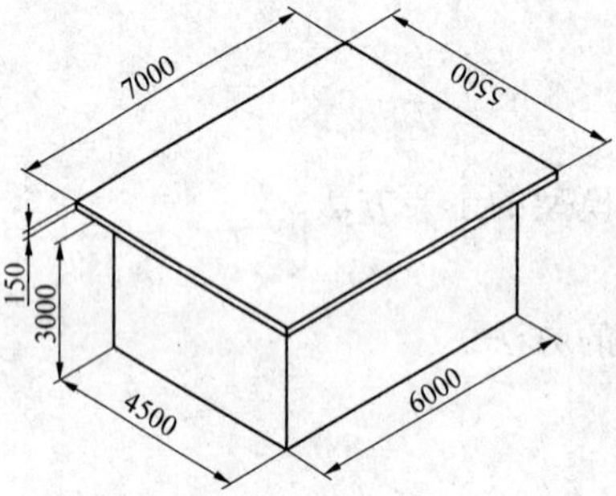

(b)模型尺寸

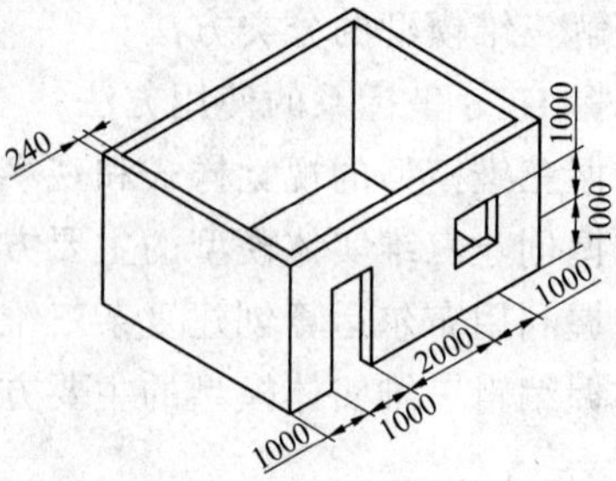

(c)模型尺寸

图 13-3 房屋实体模型

(3)创建如图 13-4(a)所示的进水口实体模型，模型尺寸参见图 13-4(b)(适用于水利类专业)。

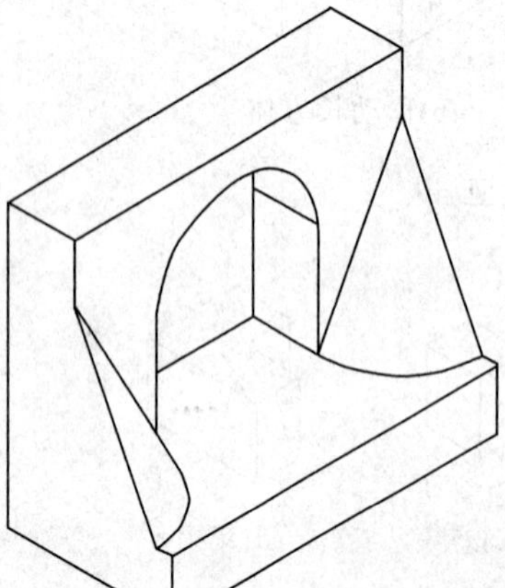

(a)进水口模型

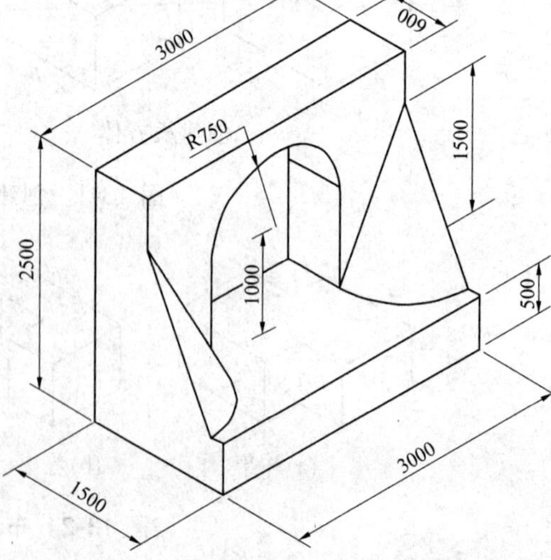

(b)模型尺寸

图 13-4 进水口实体模型

四、与本实验相关主要命令

Box(长方体)；3dmove(3M——三维移动)；3drotate(3R——三维旋转)；Extrude(Ext——拉伸)；Revolve(Rev——旋转)；Mirror3d(三维镜像)；Union(Uni——并集)；Subtract(Su——差集)；Intersect(In——交集)；Rectang(Rec——矩形)；Pline(Pl——多段线)；Region(Reg——面域)。

五、实验步骤

(一)创建新图形文件

利用 New 命令，采用“无样板打开——公制”的形式，创建新图形文件；然后将视点设为西南等轴测模式。

(二)创建长方体

利用 Box 命令，在适当位置创建两个 50×40×30 的长方体，并显示为“三维隐藏视觉样式”，如图 13-1(a)所示。

(三)移动长方体

利用 3dmove 命令，将长方体Ⅰ，以底边中点 *A* 为基点，移动至与长方体Ⅱ底边中点 *B* 重合，得到如图 13-1(b)所示图形。

(四)复制图形

利用 Copy 命令，将如图 13-1(b)所示图形，复制三个至合适位置，共得到四个相同图形。

(五)并集、差集、交集等布尔运算

分别利用 Union、Subtract 和 Intersect 等，对四个图形进行并集、差集、差集、交集等布尔运算，得到如图 13-2 所示各图形。

生成如图 13-2 所示图形，操作步骤如下：

命令：_subtract 选择要从中减去的实体或面域...

选择对象：　　　　　　　　　//选择长方体Ⅰ；

选择对象：↓　　　　　　　　//回车；

选择要减去的实体或面域...

选择对象：　　　　　　　　　//选择长方体Ⅱ；

选择对象：↓　　　　　　　　//回车。

得到如图 13-2(b)所示图形。

重复上述命令，只是在提示“选择对象”时，先选择长方体Ⅱ，后选择长方体Ⅰ，便可得到如图 13-2(c)所示图形。

(六)创建房屋实体模型

创建如图 13-3(a)所示房屋实体模型(适用于土建类专业)。

(1)利用 Rectang 命令，绘制 6 000×4 500 的矩形；再利用 Offset 命令将矩形向里偏移 240；然后利用 Region 命令，将两矩形均生成面域；最后利用 Subtract 命令，对两矩形进行差集运算，得到如图 13-5(a)所示图形。

(2)利用 Extrude 命令，将如图 13-5(a)所示图形沿 *Z* 轴正方向拉伸 3000。

(3)利用三点法重新设置 UCS，操作步骤如下：

命令：UCS ↓　　　　　　　　　//在命令行输入 UCS 命令并回车；

指定 UCS 的原点或[面(F)/命名(NA)/对象(OB)/上一个(P)/视图(V)/世界(W)/X/Y/Z/Z 轴(ZA)]<世界>:　　　　//在点 *A* 处单击鼠标左键，输入 UCS 的原点；

指定 *X* 轴上的点或<接受>:　　　//在点 *B* 处单击鼠标左键，指定 *X* 轴上的点；

指定 *XY* 平面上的点或<接受>:　//在点 *C* 处单击鼠标左键，指定 *XY* 平面上的点。

结果如图 13-5(b)所示。

(4)在新的 UCS 坐标系中，分别利用 Box 命令，绘制。

命令：_box

指定第一个角点或[中心(C)]：1000,0　　　　　　//输入长方体一个角点的坐标；

指定其他角点或[立方体(C)/长度(L)]：L　　　　//选择长度选项；

指定长度：1000　　　　　　　　　　　　　　　//输入长方体长度值；

指定宽度：2000　　　　　　　　　　　　　　　//输入长方体宽度值；

指定高度或[两点(2P)]<30.0000>：–240

　　　　　　　　　　　　　　　　　　　　　　//输入长方体高度值，负值表示高度沿 *Z* 轴反方向。

得到形成“门洞”的长方体。

重复上述命令，角点坐标输入为(4000,1000)，长度值输入为 1000，宽度值输入为 1000，高度值输入为–240，得到形成“窗洞”的长方体。

(5)利用 Subtract 命令，用如图 13-5(b)所示图形，减去刚刚绘制的两长方体，得到如图 13-3(c)所示形体。

(6)合理设置并利用 UCS，绘制 7000×5500×150 的长方体，作为屋面，完成如图 13-3(a)所示房屋实体模型。

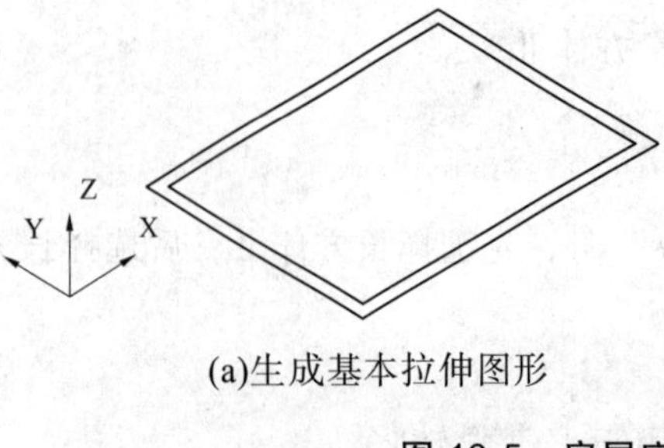

(a)生成基本拉伸图形

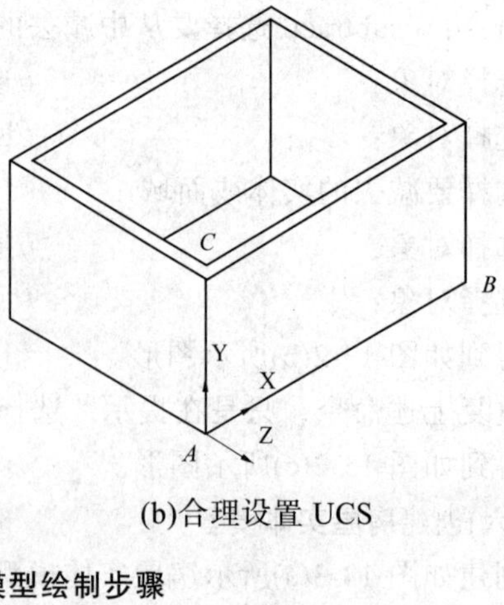

(b)合理设置 UCS

图 13-5　房屋实体模型绘制步骤

(七)创建进水口实体模型

创建如图 13-4(a)所示进水口实体模型(适用于水利类专业)。

(1)利用 Box 命令，在适当位置创建 3000 × 1500 × 500 的长方体，作为进水口底板。

(2)将 UCS 坐标系统 X 轴旋转 90°，然后利用二维绘图及修改命令，在适当位置按图 13-4(b)所示尺寸，绘制如图 13-6(a)所示图形，并利用 Region 命令将其生成面域。

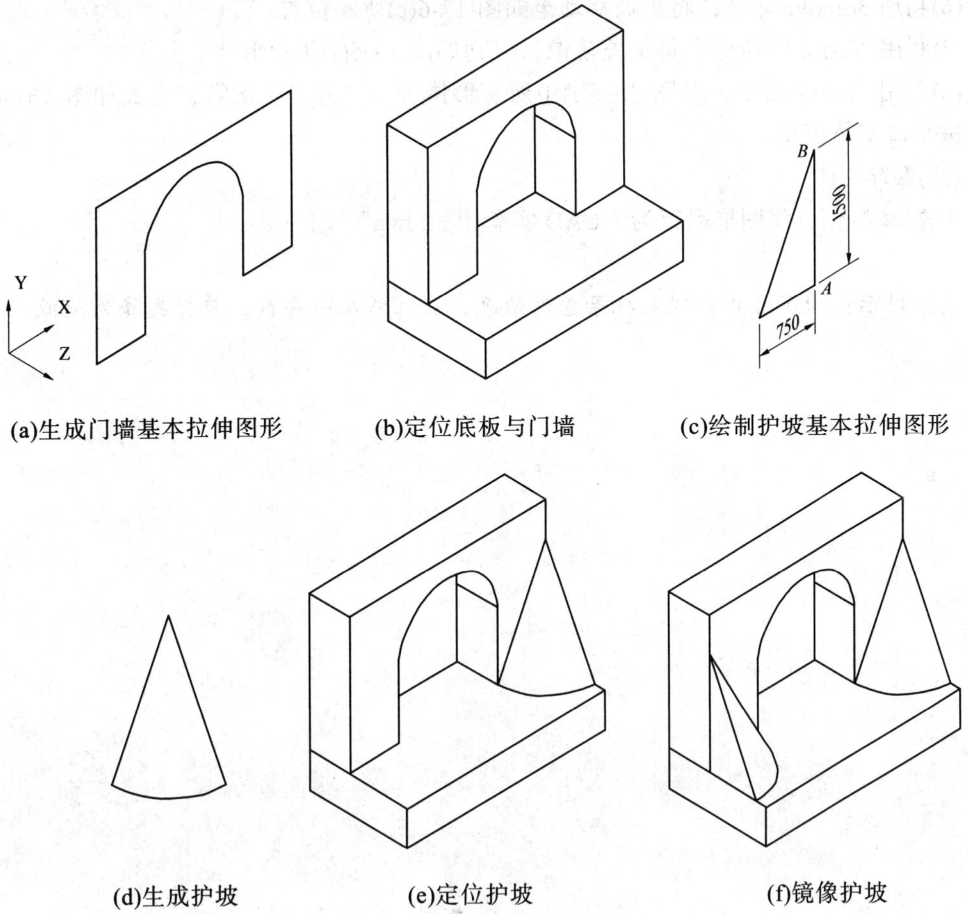

(a)生成门墙基本拉伸图形　(b)定位底板与门墙　(c)绘制护坡基本拉伸图形

(d)生成护坡　(e)定位护坡　(f)镜像护坡

图 13-6　进水口实体模型绘制步骤

(3)利用 Extrude 命令，将所生成面域，沿 Z 轴正(或负)方向拉伸 600，生成进水口门墙。

(4)利用 3dmove 命令，将底板与门墙置于如图 13-6(b)所示位置。

(5)利用 Pline 命令，绘制如图 13-6(c)所示多段线；再利用 Revolve 命令，按如下操作，将图 13-6 (c)所示图形，生成如图 13-6(d)所示三维旋转体，作为护坡。

命令：_revolve

当前线框密度：ISOLINES=4

选择要旋转的对象：　　　　　　　　//选择多段线；

选择要旋转的对象：↓　　　　　　　//回车；

指定轴起点或根据以下选项之一定义轴[对象(O)/X/Y/Z]<对象>：

　　　　　　　　　　　　　　　　　//鼠标左键单击点 A；

指定轴端点：　　　　　　　　　　　　//鼠标左键单击点 *B*；

指定旋转角度或[起点角度(ST)] <360>：90　//输入旋转角度值。

结果如图 13-6(d)所示。

(6)利用 3dmove 命令，将护坡移动至如图 13-6(e)所示位置。

(7)利用 Mirror3d 命令，将护坡镜像，得到如图 13-6(f)所示形体。

(8)利用 Union 命令，对图 13-6(f)中所有形体进行“并集”运算，完成如图 13-4(a)所示进水口实体模型。

(八)保存文件

单击按钮，将图形另存为“CAD 实验十三.dwg”文件。

友好提示：为了防止出现死机等意外情况，应注意及时存盘，将损失降为最低。

实验十四　土建类专业实战练习

一、上机时数及适用专业

集中上机实习 1~2 周；土木、房建、给水排水等土建类专业。

二、实验目的

(1)掌握 AutoCAD 软件在土建类专业图形绘制方面的综合应用方法。
(2)巩固所学全部相关知识。

三、实验内容

由教师根据实习时间，结合专业特点，选择适当数量的图形。

(一)图形简介

本实战练习的全部图形，均选自某住宅楼，涉及建筑、结构、给水排水三个专业。该住宅楼带普通防空半地下室一层，层高 2.55 m；地上六层(带退台)，层高 3.00 m。

设计依据为：

(1)××单位提供的设计委托书；

(2)《民用建筑设计通则》(JGJ 37—87)、《住宅设计规范》(GB 50096—1999)(2003 年版)、《民用建筑节能设计规程》(DB 13(J)24—2000)。

工程做法：采用 98J1。

(二)绘制内容

利用实验八中创建的“A3.dwt”文件，根据各个图形的实际大小，确定绘图幅面，抄绘图 14-1 ~ 图 14-16。具体要求如下。

1. 建筑

(1)绘制图 14-1 所示一、三、五层平面图(建议：为避免重复工作，在绘制主要墙线及门窗洞位置线后，复制若干份，作为绘制结构平面图等的基础图形——我们称为“母板 1”；待修剪门窗洞，并绘制楼梯间后，再复制若干份，作为绘制其他楼层平面图等的基础图形——我们称为“母板 2”)；

(2)分别利用“母板 2”，绘制如图 14-2、图 14-3 所示的各层建筑平面图；

(3)绘制如图 14-4 所示的建筑立面图(北)；

(4)绘制如图 14-5 所示的楼梯标准层平面图和图 14-6 所示楼梯 A—A 剖面图；

(5)绘制如图 14-7 所示的外墙节点详图。

2. 结构

(1)利用“母板 1”，绘制如图 14-8 所示的基础平面布置图和图 14-9 所示的基础详图(各构造柱尺寸：GZ1—240×240，GZ2—240×370，GZ3—370×240，GZ4—370×370，

GZ5—180 × 370，GZ6—370 × 590，GZ7—370 × 450)；

(2)利用“母板 1”，绘制如图 14-10 所示的一层结构平面图；

(3)分别利用图 14-5 和图 14-6 绘制如图 14-11 所示的楼梯结构平面图和如图 14-12(a)所示的某楼梯构件详图，其中 TL-1 断面参见图 14-12(b)。

3. 给水排水

(1)分别利用各层平面图绘制如图 14-13 所示的地下室给排水平面图和如图 14-14 所示的一、三、五层给排水平面图。

(2)绘制如图 14-15 所示的给水系统图和如图 14-16 所示的排水系统图。

4. 保存文件

将图形另存为“实战练习.dwg”文件。

友情提示：实际绘制时应提前将文件以“实战练习.dwg”为名称存盘；另外，为了防止出现死机等意外情况，绘制过程中还应注意及时存盘。

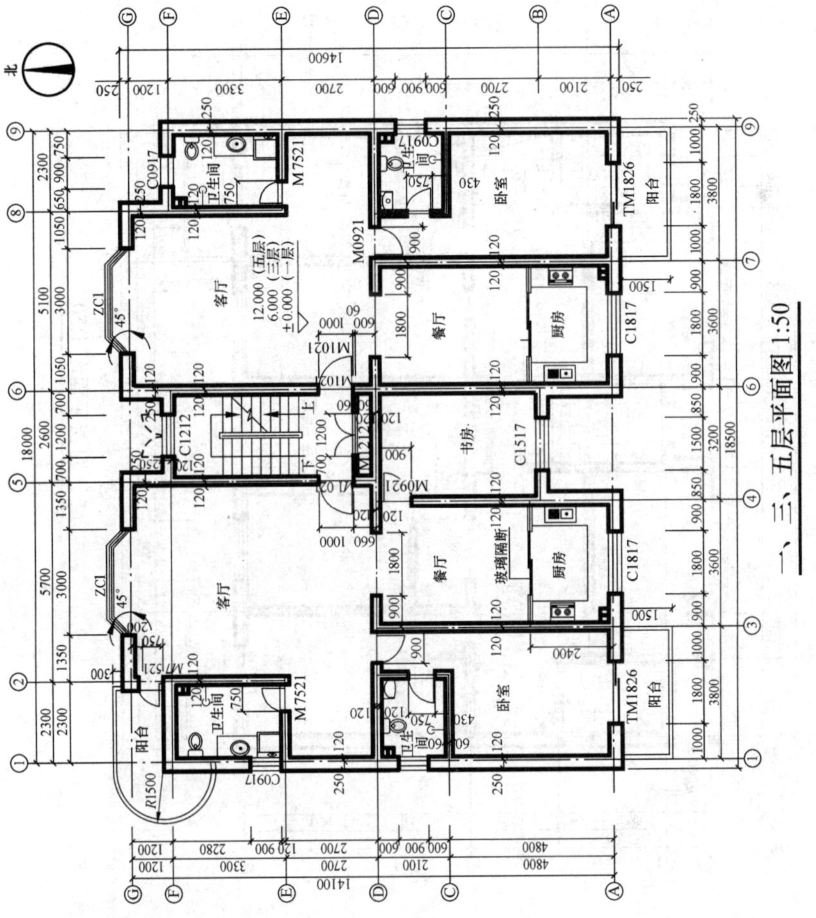

图14-1　一、三、五层平面图

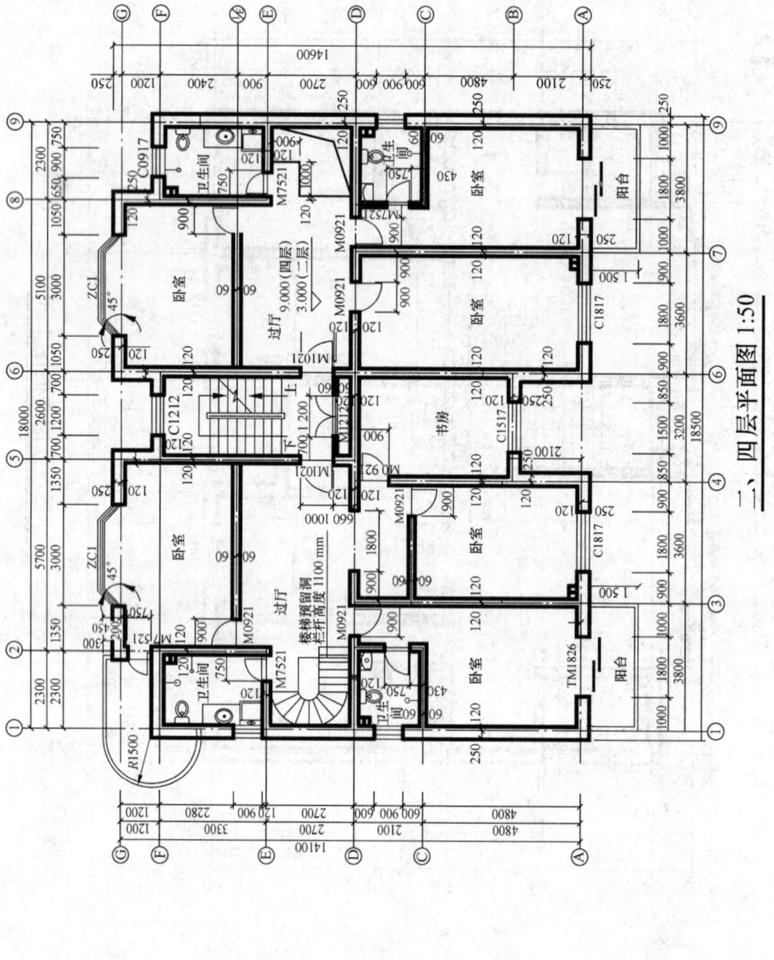

图 14-2 二、四层平面图

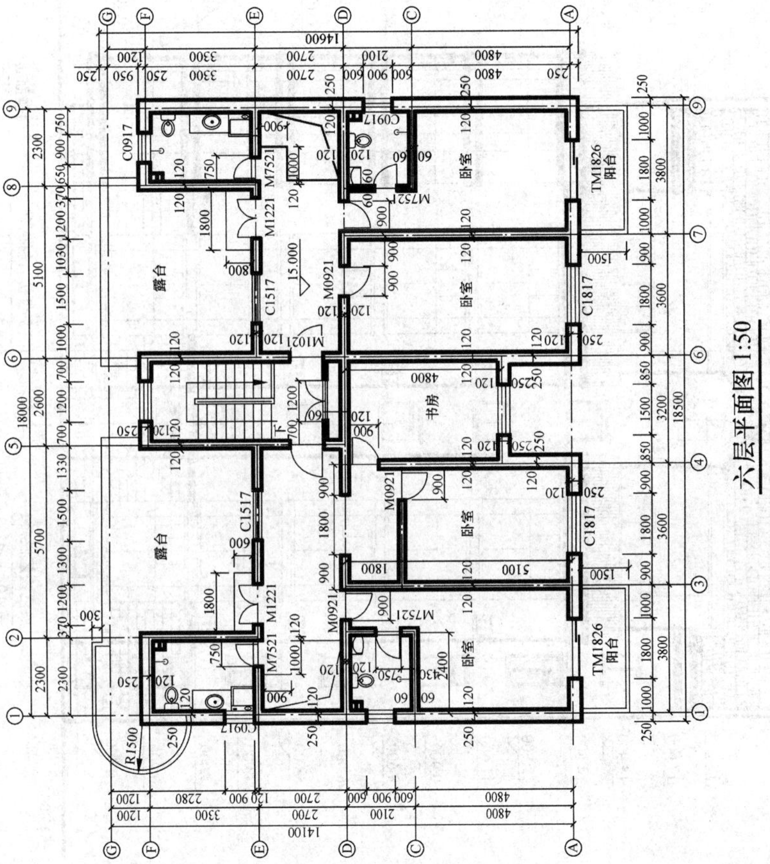
六层平面图 1:50
露台
露台
卧室
卧室
卧室
卧室
书房
阳台
阳台
TM1826
TM1826
C1817
C1817
C1517
C1517
C0917
C0917
M1221
M1221
M7521
M0921
M1021
15.000
14600
14100
18000
18500

图 14-3　六层平面图

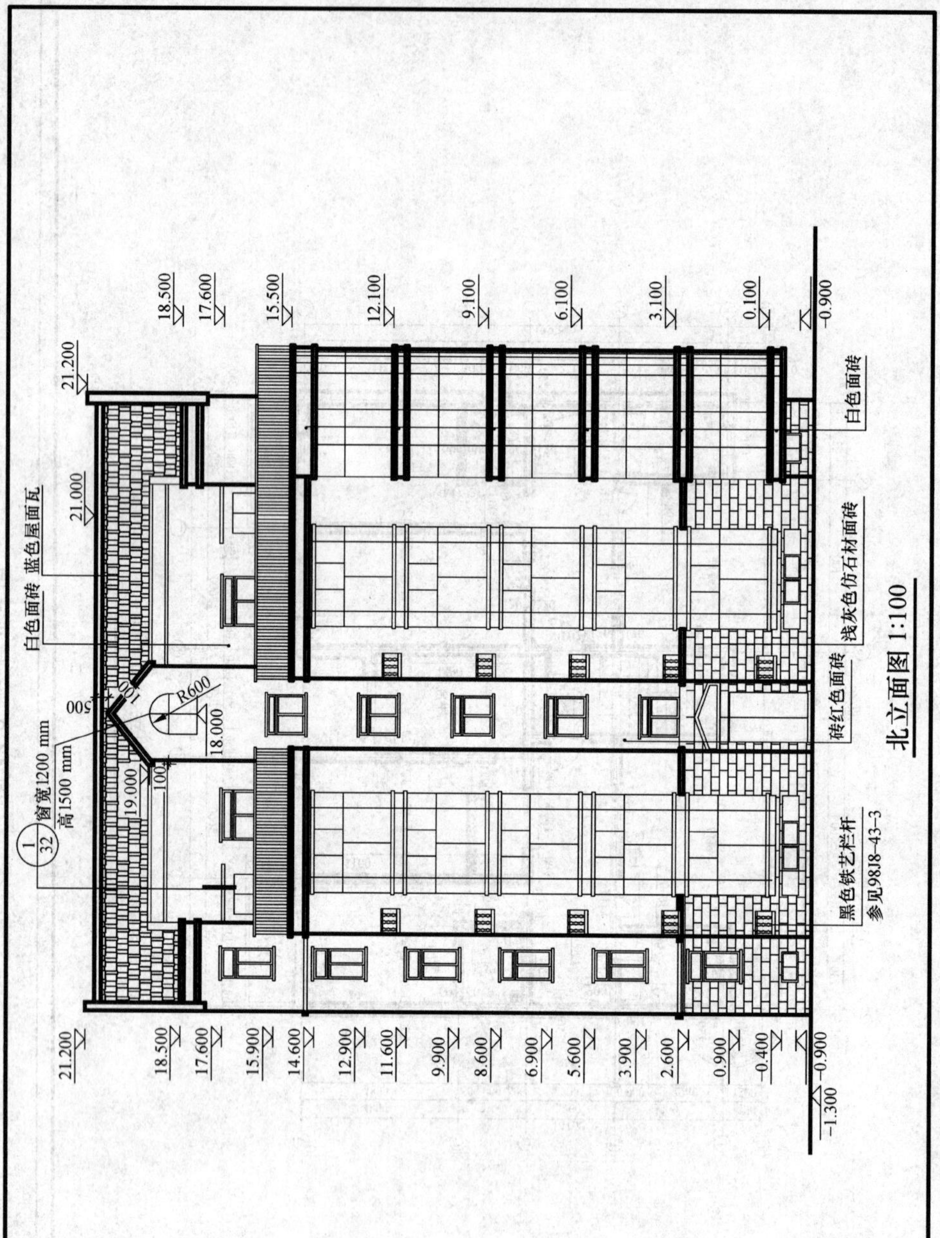
北立面图 1:100
白色面砖
蓝色屋面瓦
浅灰色仿石材面砖
砖红色面砖
白色面砖
黑色铁艺栏杆
参见98J8-43-3
窗宽1200 mm
高1500 mm
R600
21.200
21.000
19.000
18.500
18.000
17.600
15.900
15.500
14.600
12.900
12.100
11.600
9.900
9.100
8.600
6.900
6.100
5.600
3.900
3.100
2.600
0.900
0.100
-0.400
-0.900
-1.300

图 14-4　北立面图

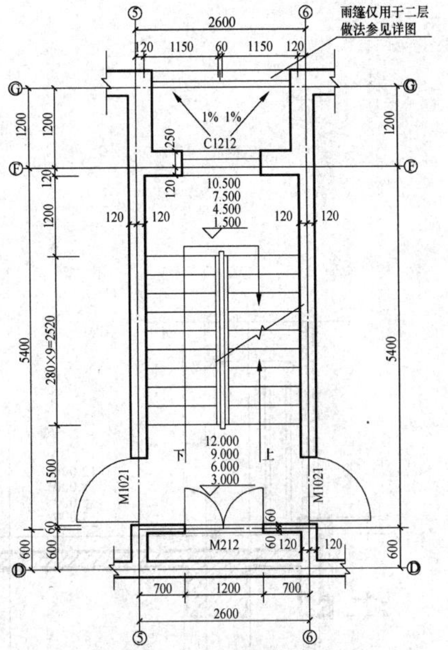

楼梯标准层平面图 1:50

图 14-5　楼梯标准层平面图

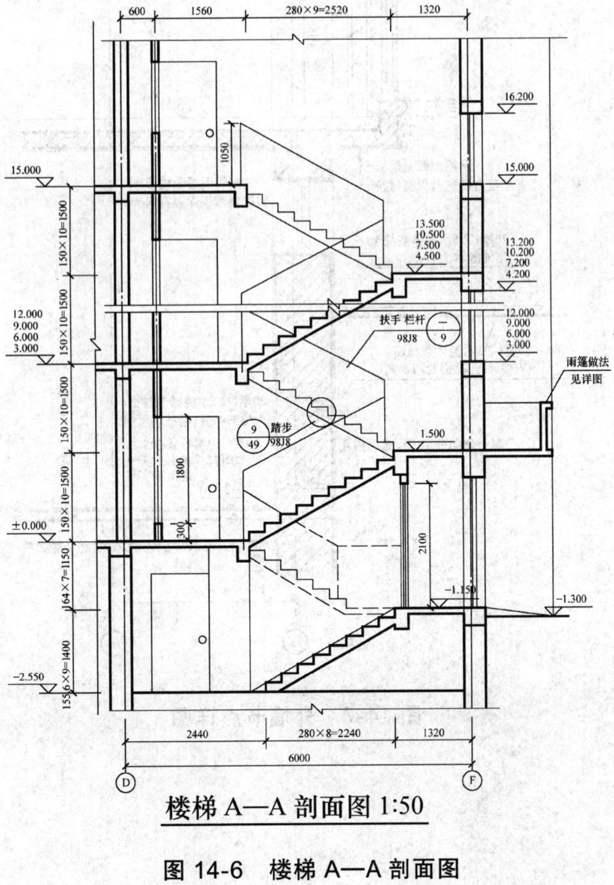

楼梯 A—A 剖面图 1:50

图 14-6　楼梯 A—A 剖面图

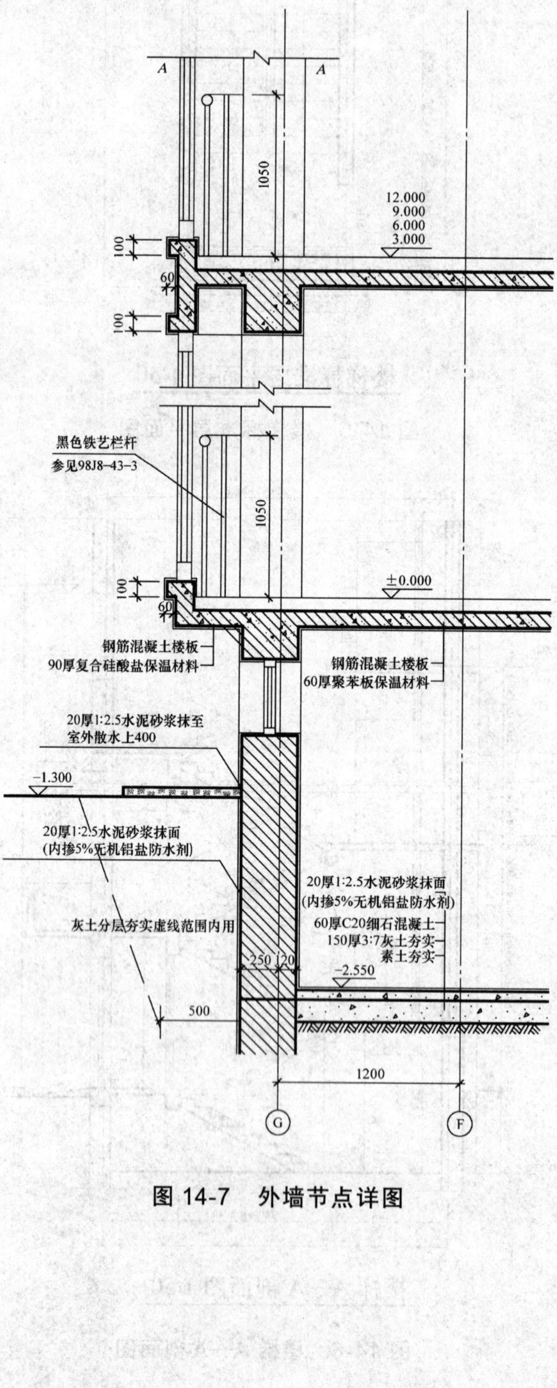
A
A
1050
12.000
9.000
6.000
3.000
100
60
100
黑色铁艺栏杆
参见98J8-43-3
1050
±0.000
100
60
钢筋混凝土楼板
90厚复合硅酸盐保温材料
钢筋混凝土楼板
60厚聚苯板保温材料
20厚1:2.5水泥砂浆抹至
室外散水上400
−1.300
20厚1:2.5水泥砂浆抹面
(内掺5%无机铝盐防水剂)
20厚1:2.5水泥砂浆抹面
(内掺5%无机铝盐防水剂)
60厚C20细石混凝土
150厚3:7灰土夯实
素土夯实
灰土分层夯实虚线范围内用
250
120
−2.550
500
1200
G
F

图 14-7　外墙节点详图

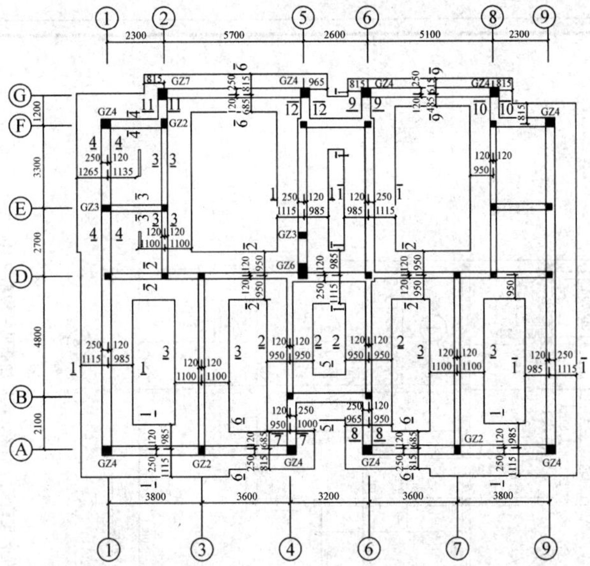

说明：1.未注明构造柱为GZ1；
2.地基承载力特征值等于200 kPa；
3.墙身防潮层为1:2.5水泥砂浆掺5%防水粉20 mm厚，位于地下室室内地面下一皮砖处。

基础平面布置图 1:100

图 14-8　基础平面布置图

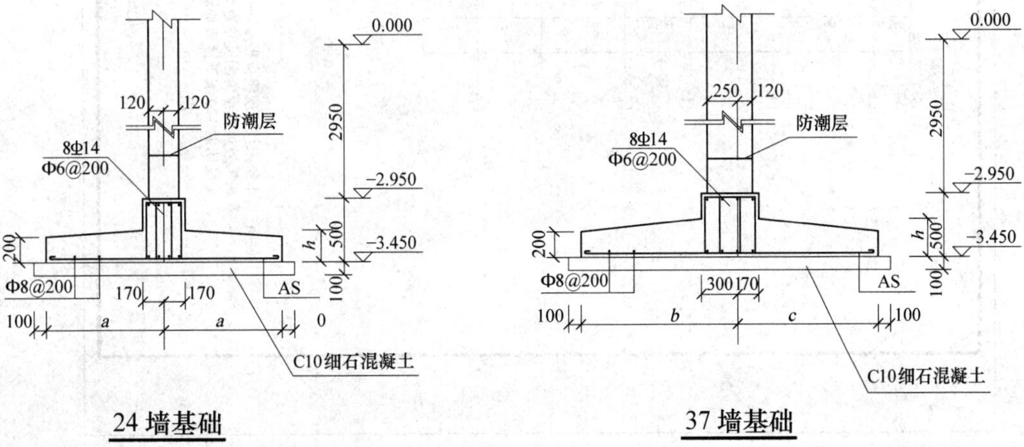

图 14-9　基础详图

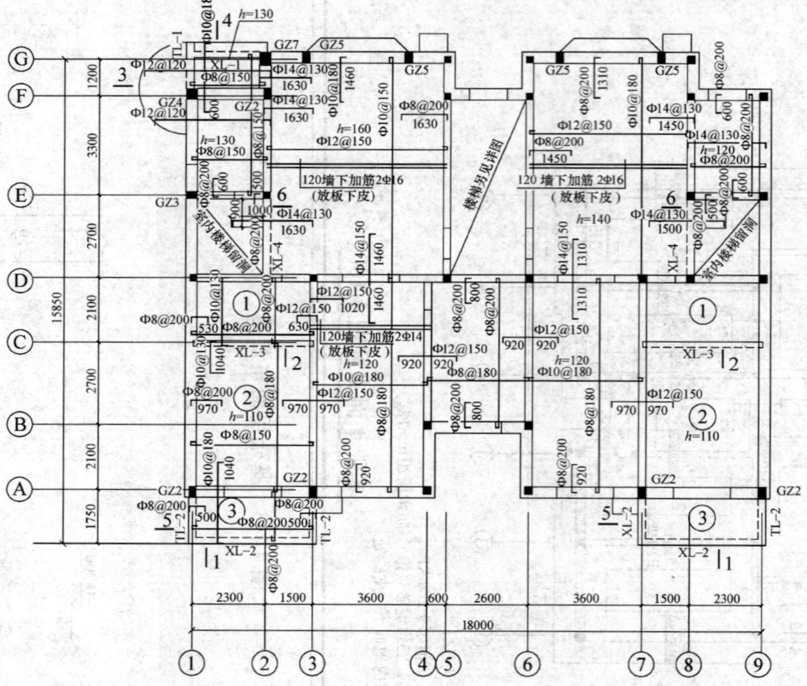

说明：1. 本层未注明现浇板板厚 h=100 mm。
2. 厨房通风道预留洞尺寸为 550×350，厕所预留洞尺寸为 430×290，其平面位置见建筑平面图，洞口加筋见结构总说明。
3. 未注明的 120 墙下楼板加筋见相关图形（此处略）。

一层结构平面图 1:100

图 14-10　一层结构平面图

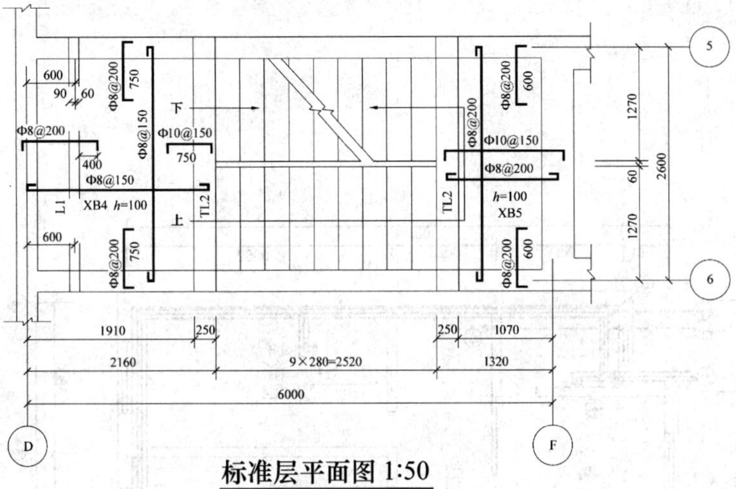

标准层平面图 1:50

图 14-11　楼梯结构平面图

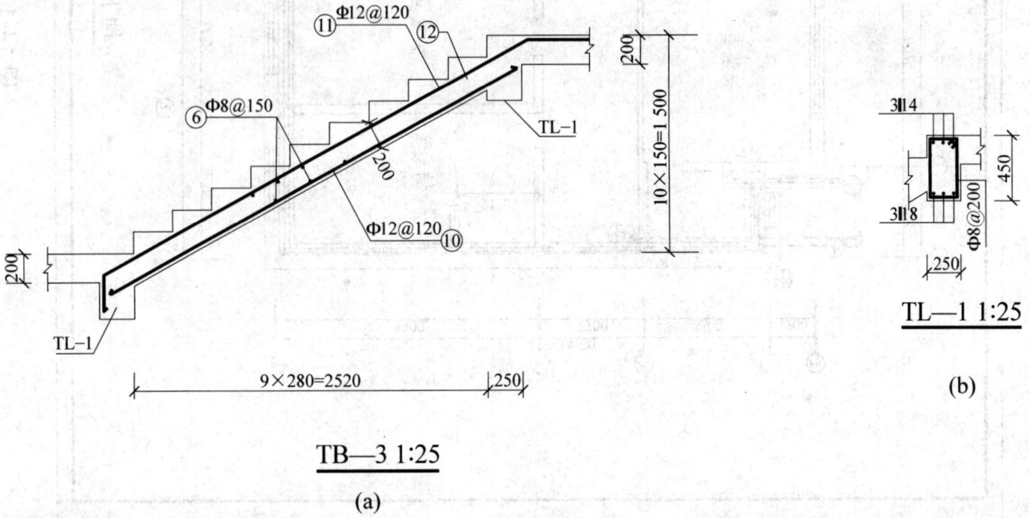

图 14-12　楼梯构件详图

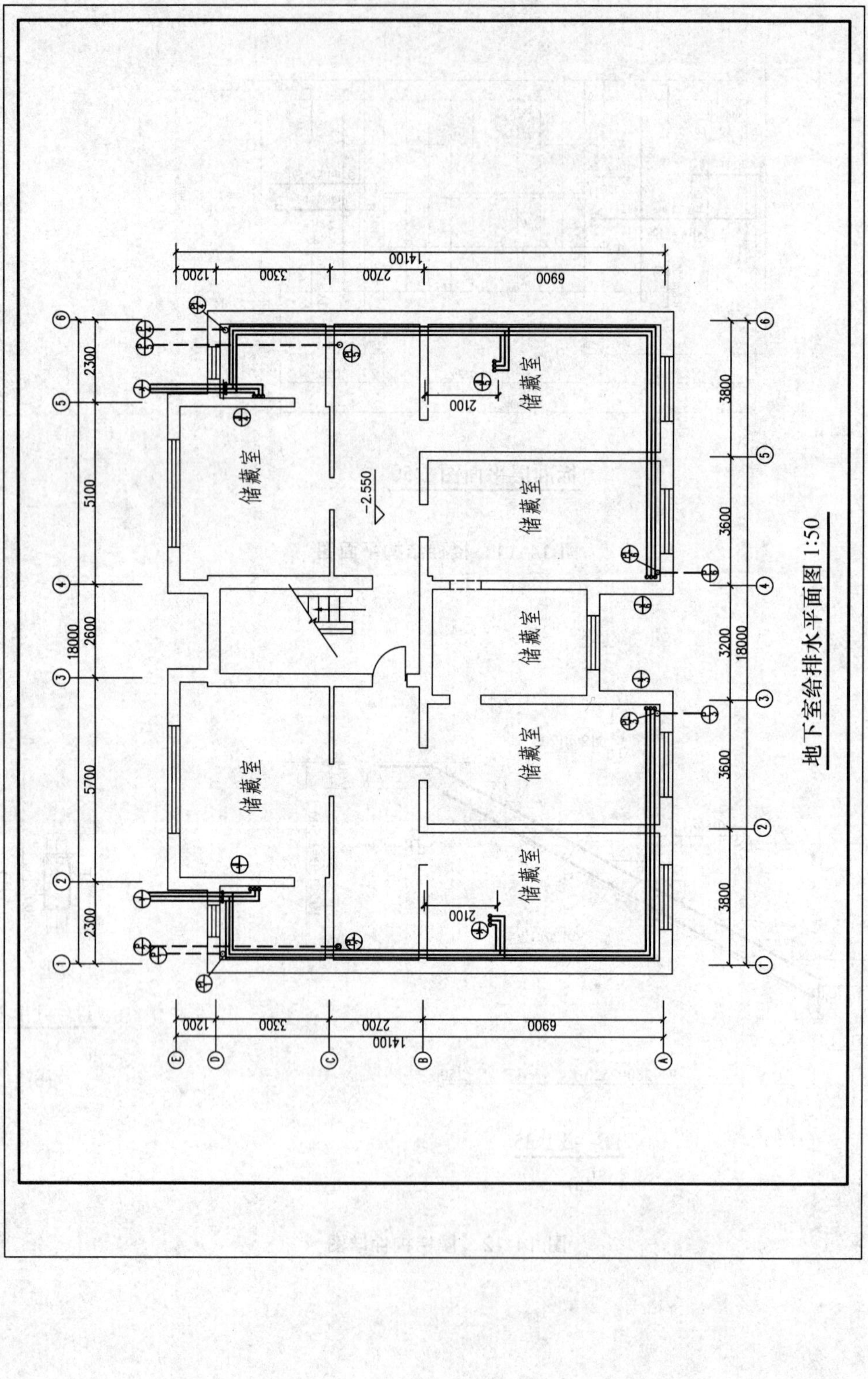

图 14-13　地下室给排水平面图

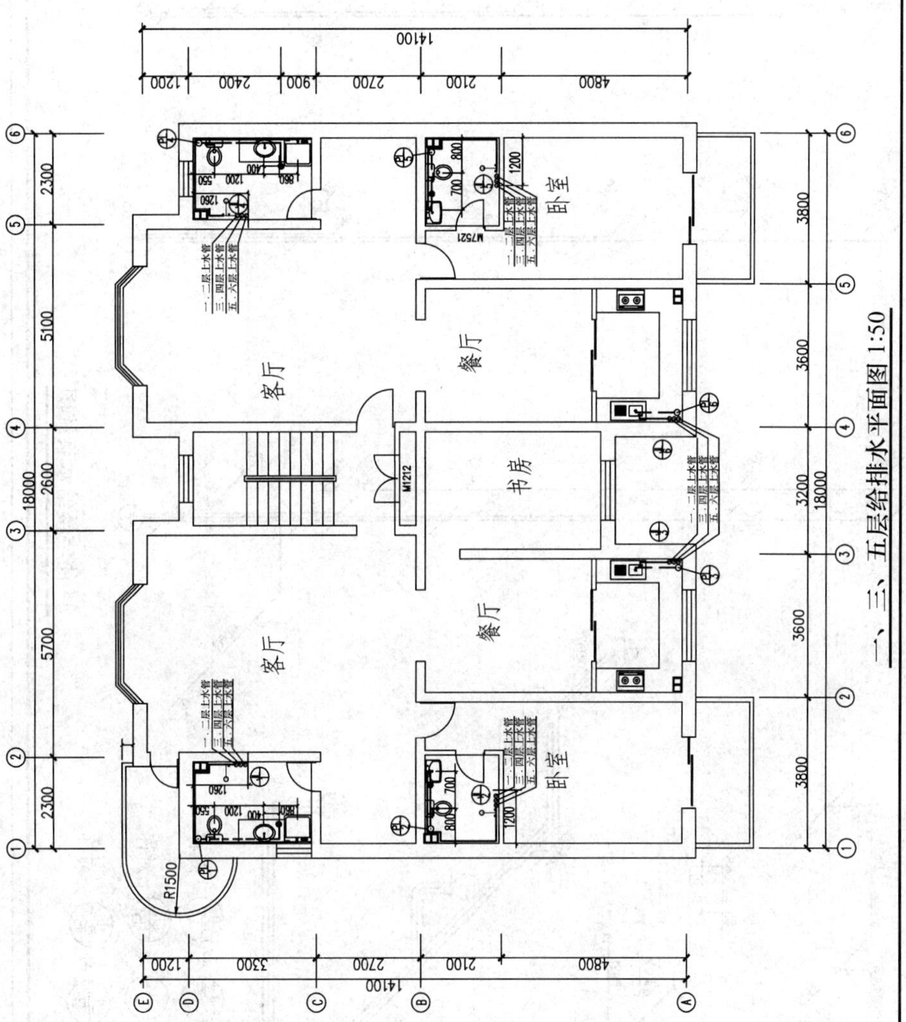

图 14-14　一、三、五层给排水平面图

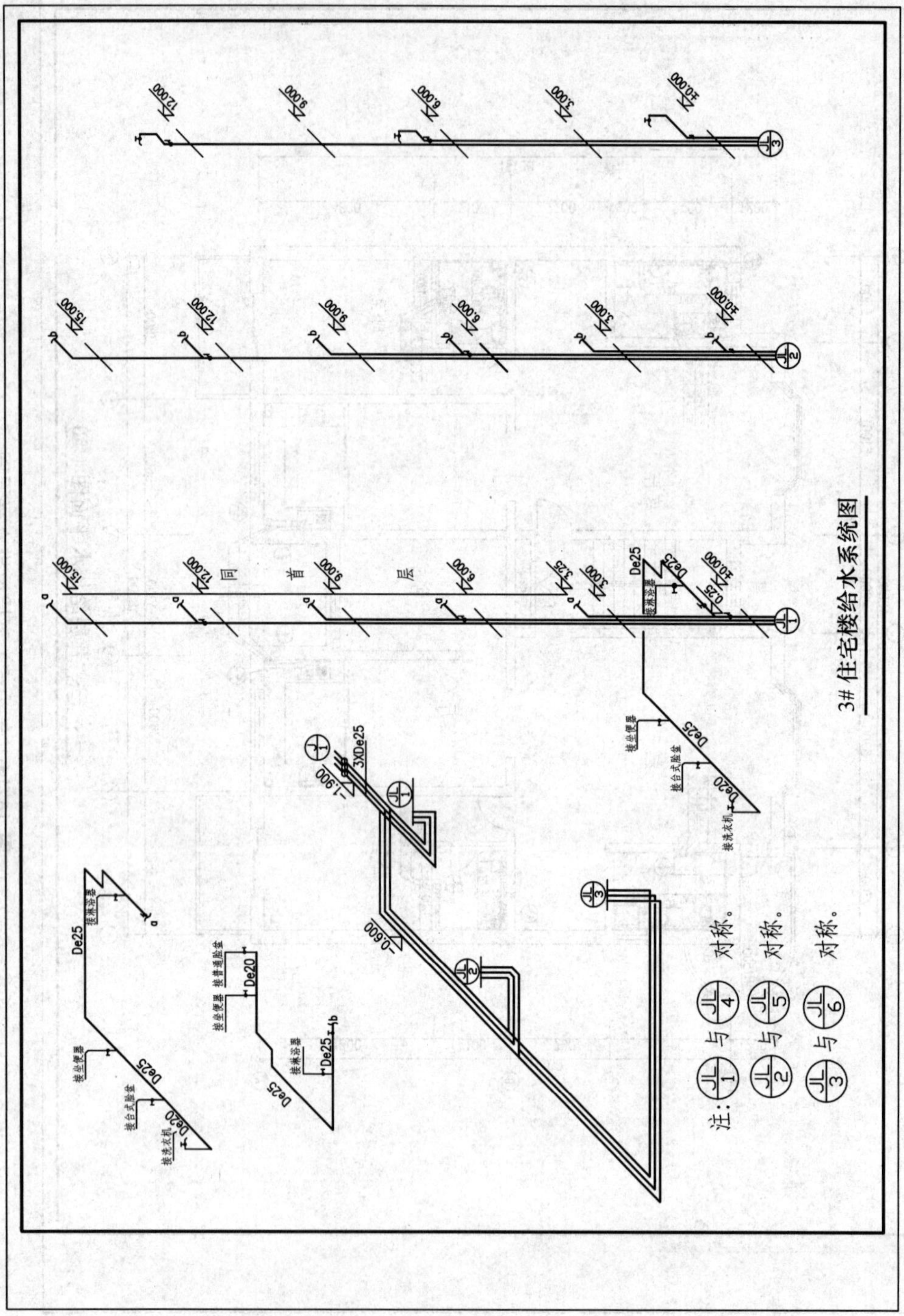

图 14-15 给排水系统图

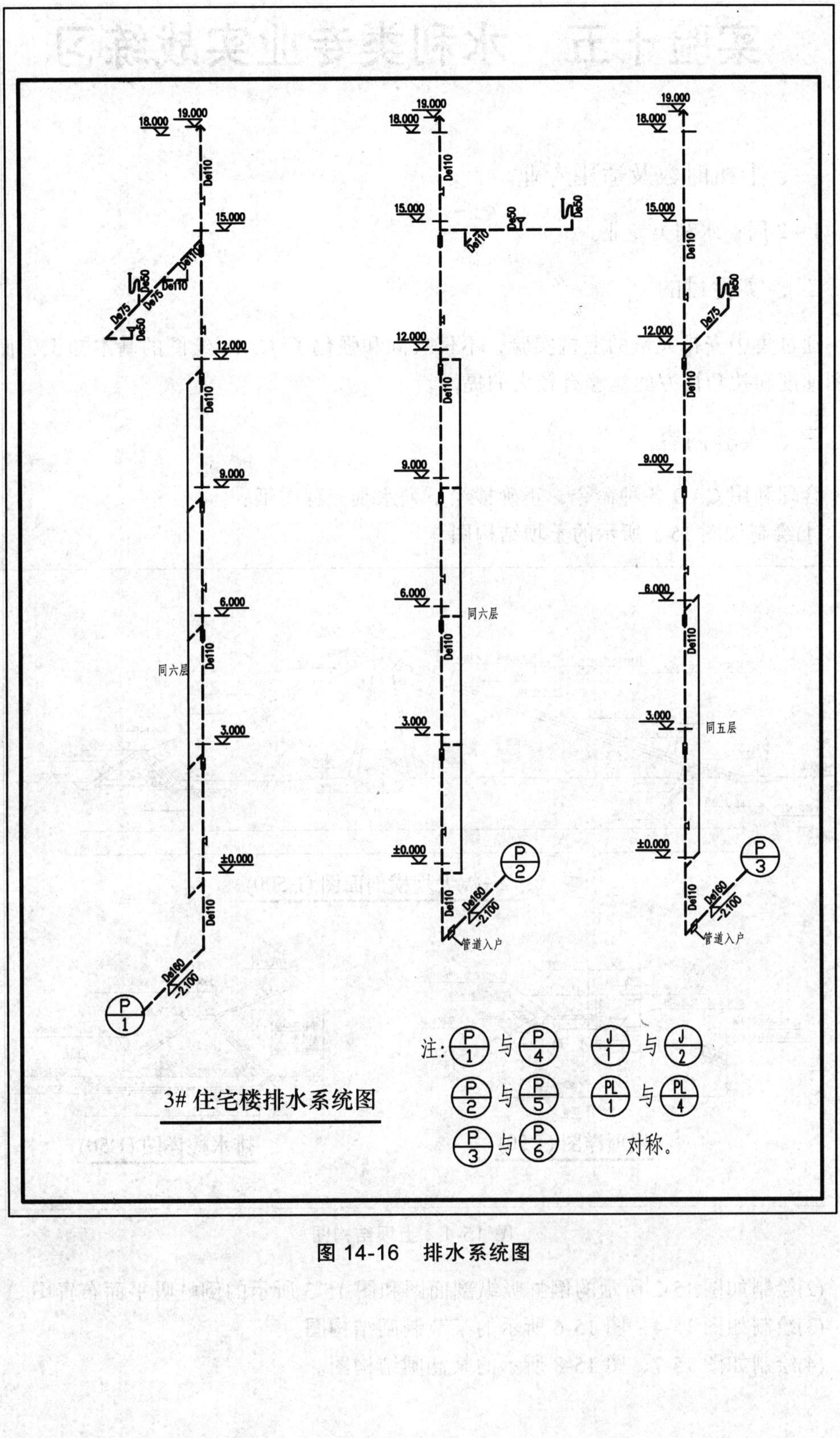
19.000
18.000
15.000
12.000
9.000
6.000
3.000
±0.000
De110
De75
De50
De160
-2.100
同六层
同五层
管道入户
3# 住宅楼排水系统图
注：P/1 与 P/4　J/1 与 J/2
P/2 与 P/5　PL/1 与 PL/4
P/3 与 P/6　对称。

图 14-16　排水系统图

实验十五　水利类专业实战练习

一、上机时数及适用专业

1 ~ 2 周；水利类专业。

二、实验目的

通过集中安排大量的上机实验，不仅巩固和强化了 CAD 绘图的基本知识，而且在绘图速度和技巧性方面能够有较大的提高。

三、实验内容

合理利用 CAD 各种命令，正确抄绘下列水利工程图纸：

(1)绘制如图 15-1 所示的土坝结构图。

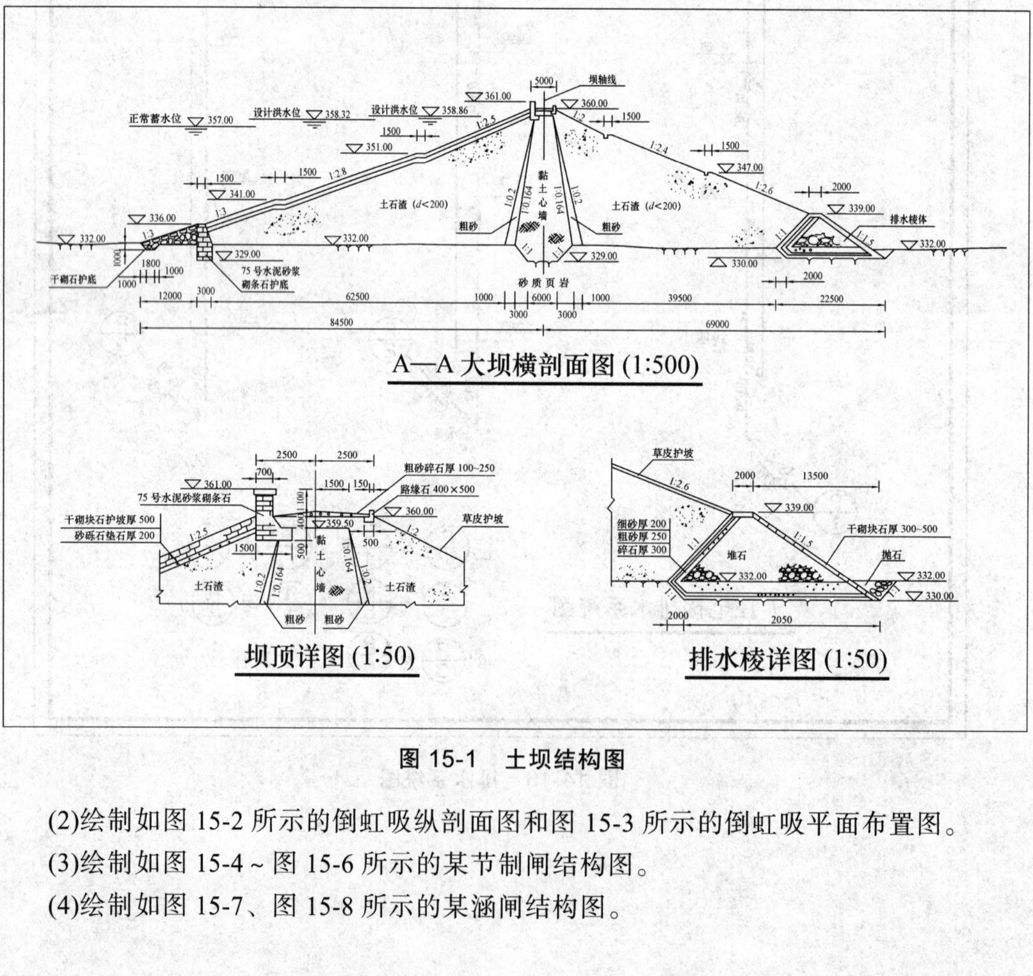

图 15-1　土坝结构图

(2)绘制如图 15-2 所示的倒虹吸纵剖面图和图 15-3 所示的倒虹吸平面布置图。

(3)绘制如图 15-4 ~ 图 15-6 所示的某节制闸结构图。

(4)绘制如图 15-7、图 15-8 所示的某涵闸结构图。

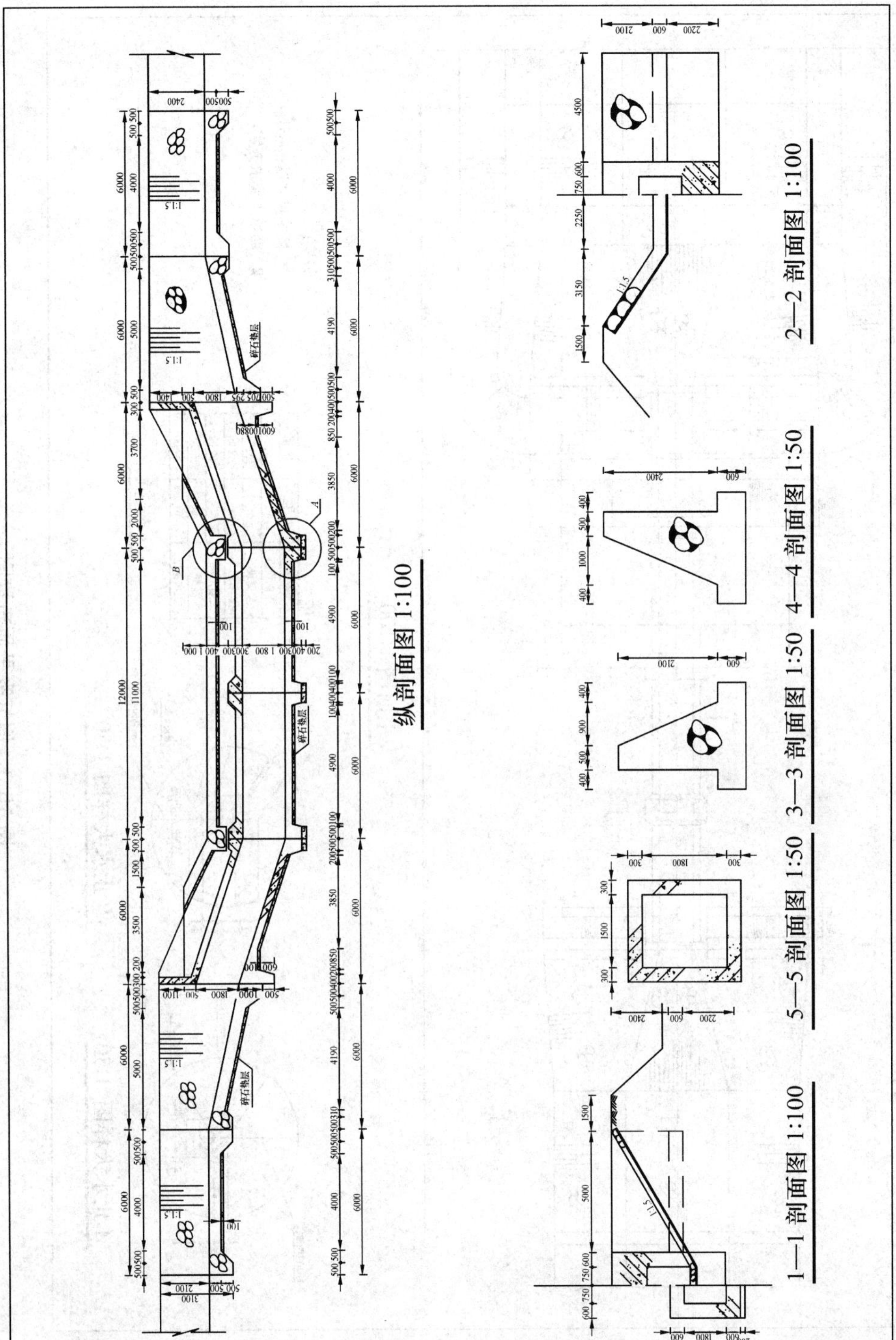

图 15-2　倒虹吸纵剖面图

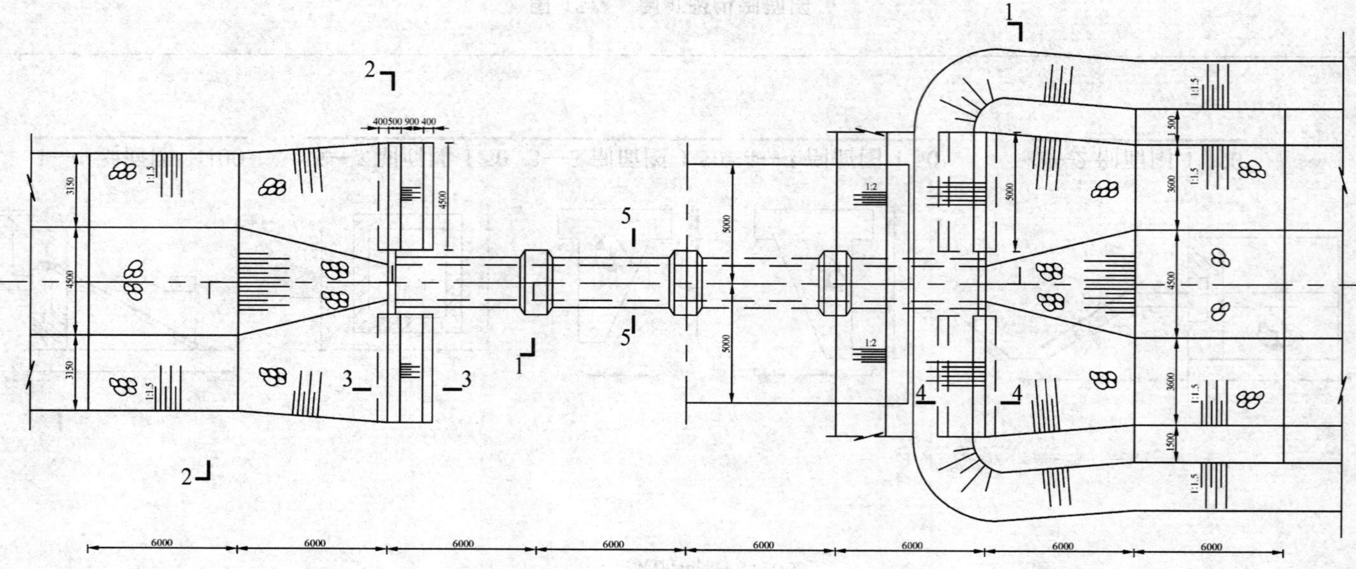

平面图 1:100

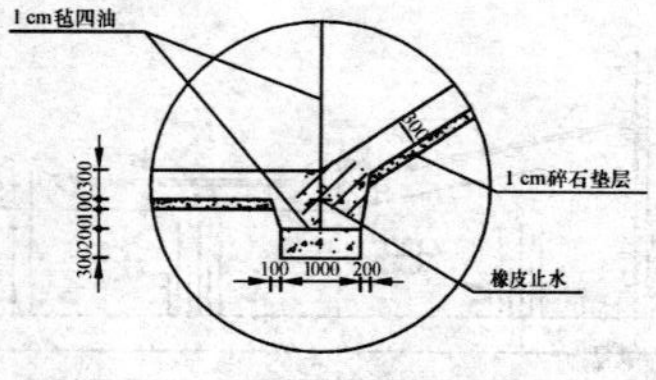

A 止水大样图 1:50

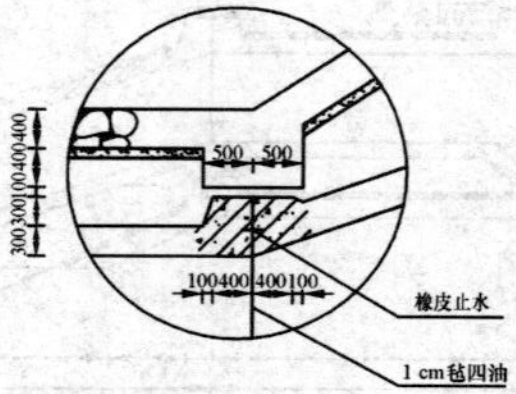

B 止水大样图 1:50

项 目	单 位	数 量
干砌块石	m^3	151.00
浆砌块石	m^3	152.50
碎石垫层	m^3	52.00
钢筋混凝土	m^3	67.00
混凝土	m^3	6.20
止水橡皮	m	27.00

工程量

说明：

1. 图中尺寸以mm计。
2. 回填土要求夯实。

图 15-3　倒虹吸平面布置图

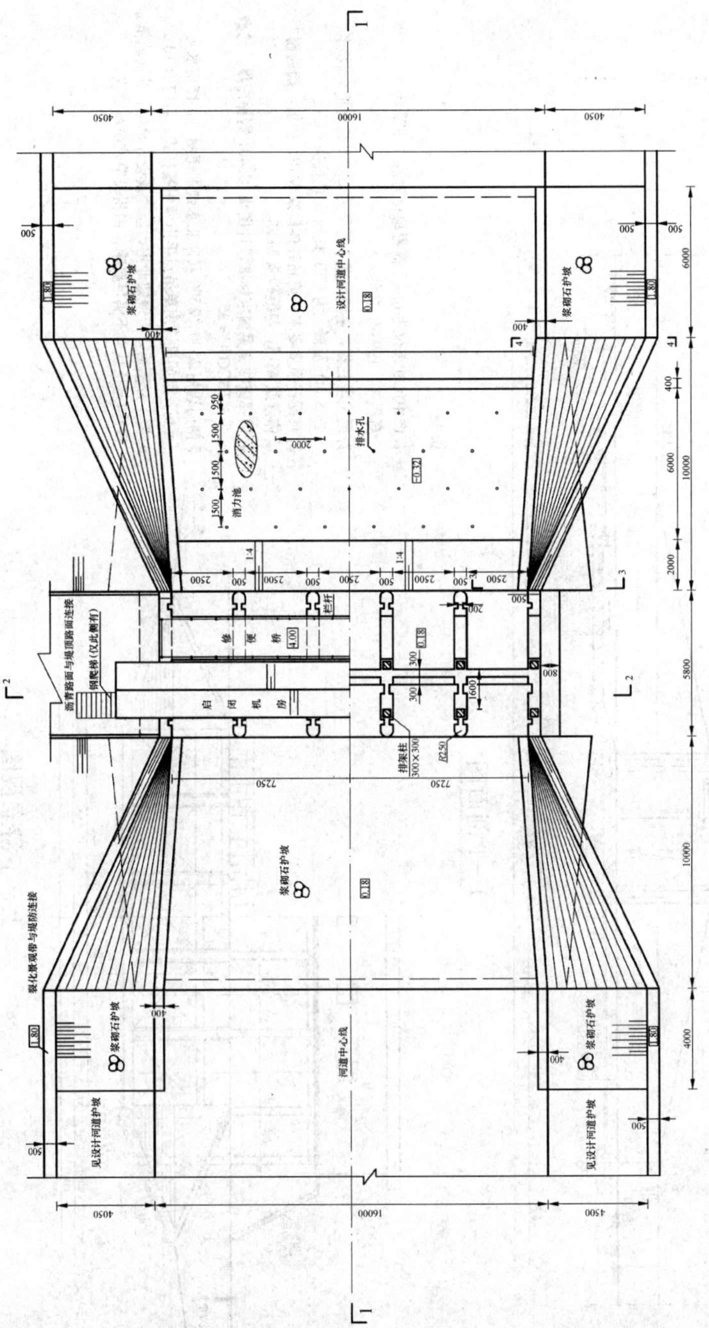

说明：
1. 图中尺寸单位为 mm；高程单位为 m(1972 年 ××× 高程系，1993 年成果)。

节制闸平面图

图 15-4　节制闸平面图

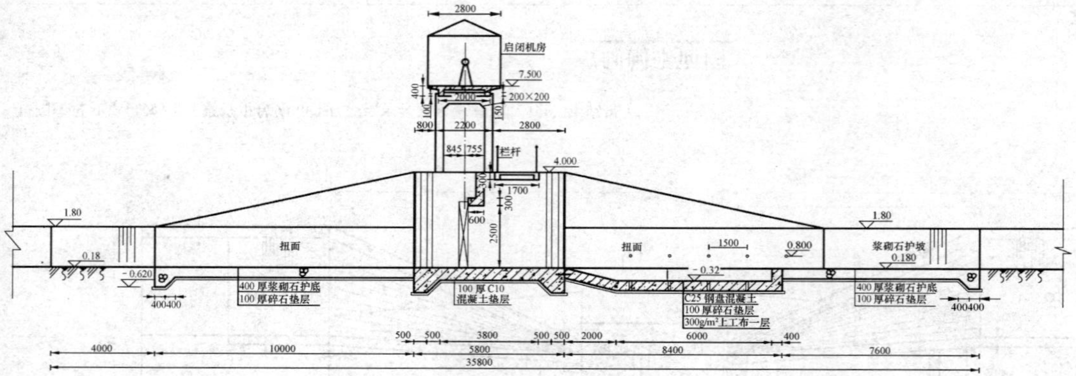

1—1 剖面图

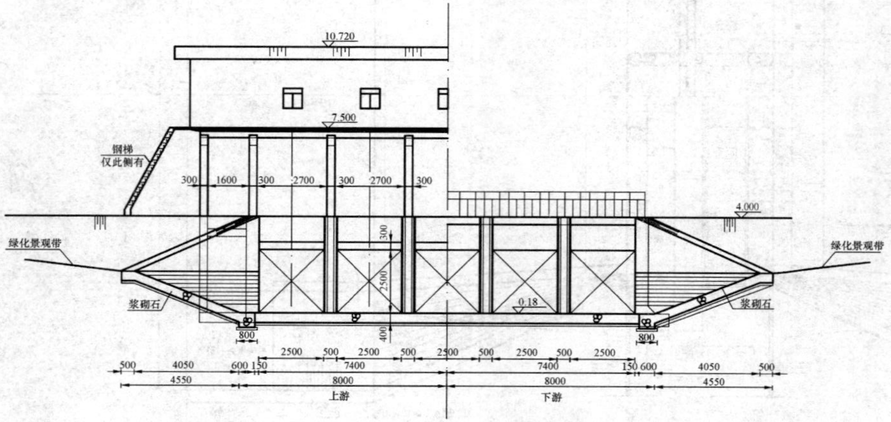

上、下游立视图

说明：

1. 图中尺寸单位为 mm；高程单位为 m（1972 年 ×××× 高程系，1993 年成果）。
2. 闸室段底板、墩墙混凝土标号为 C30，机架桥（面板长 13.5 m）混凝土为 C30，抗渗 S4，抗冻 F150。
3. 浆砌石强度要求：护底砌体砂浆 M10；护坡、挡墙砌体砂浆 M15，勾缝砂浆 M20。
4. 钢梯做法参见国家标准设计图集 02J401 钢梯图集，梯型号：T3CO1C－35。
5. 闸门选用 2500×2500 双向止水镶铜铸闸门，作用水头 4 m，启闭机选用单吊点手电两用螺杆式，启门力 10 t。
6. 施工开槽后，应通知业主、监理及设计单位，共同验槽。若地基承载力不满足要求，由相关单位协商解决。

图 15-5　节制闸纵剖面和上、下游立视图

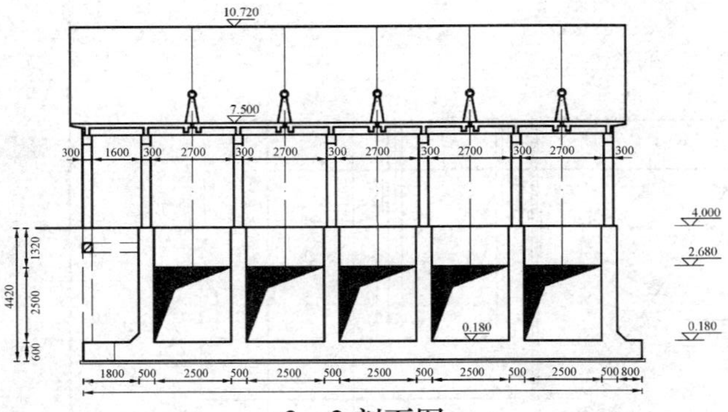

2—2 剖面图

说明：

1. 图中尺寸单位为 mm; 高程单位为 m(1972 年 ×××× 高程系，1993 年成果)。
2. 闸门及启闭设备的预留预埋与设备生产单位核实后方可施工。
3. 浆砌石护坡暂护砌至高程 1.8 m, 1.8 m 以上参见景观设计。
4. 排水孔每隔 2 m 设置一个，材料为 D50PVC 管，管中心高程为 0.8 m。
5. 扭坡仰部分不超挖。若发生超挖，应以三七灰土回填夯实，压实度不小于 0.96。
6. 未及事项按现行有关施工及验收规范执行。

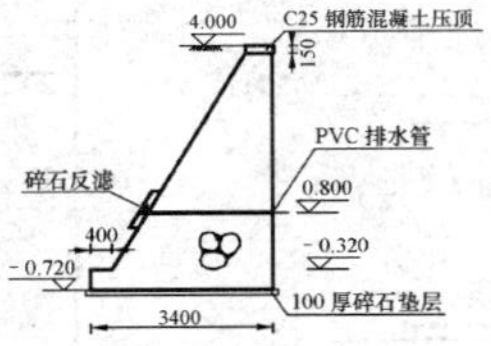

3—3 剖面图

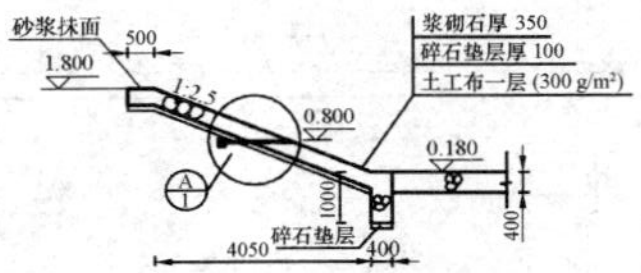

4—4 剖面图

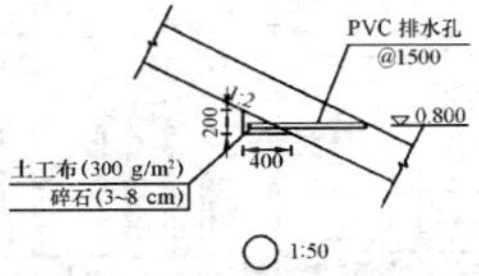

图 15-6　节制闸剖面图

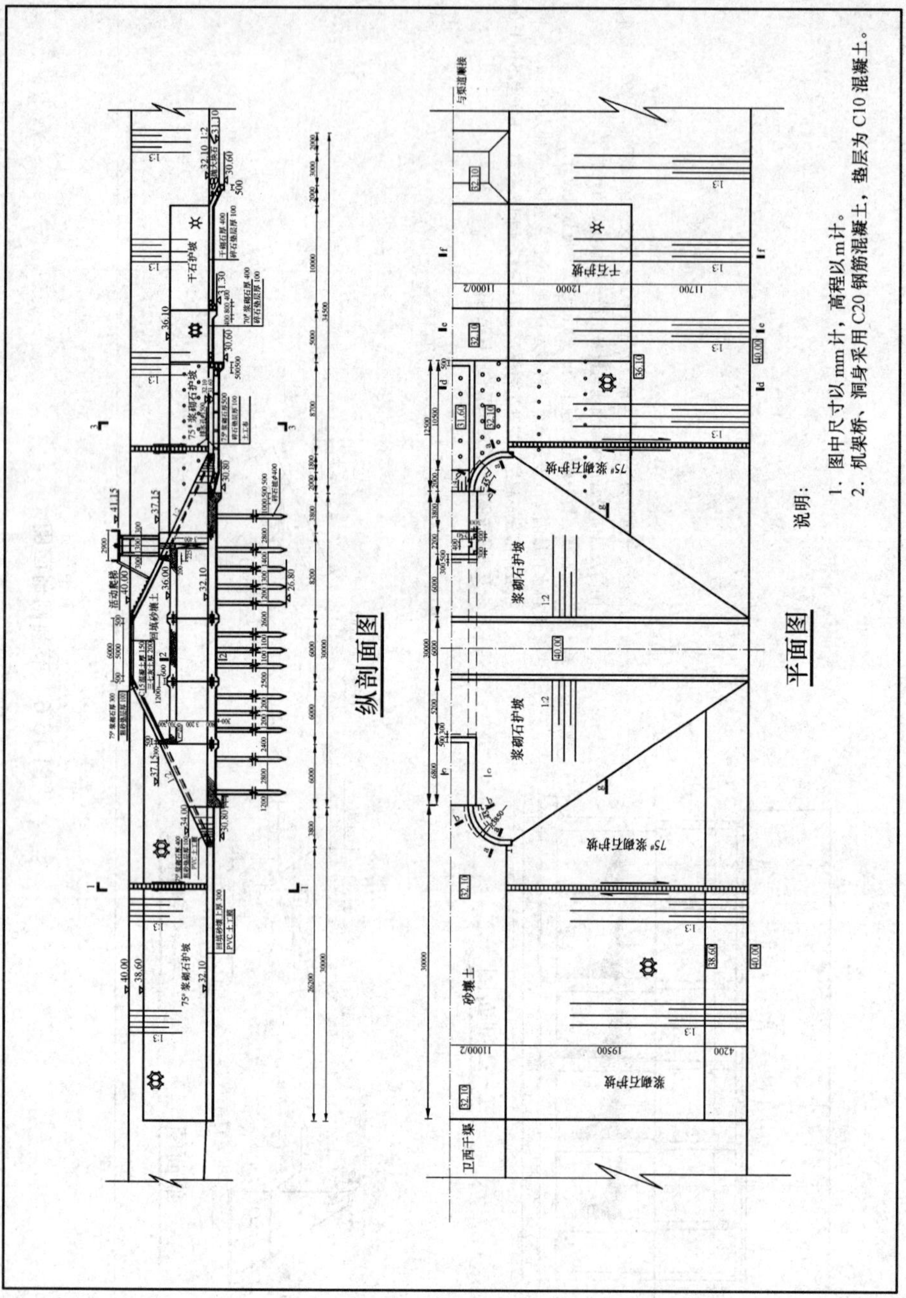

图 15-7 涵闸纵剖面和平面图

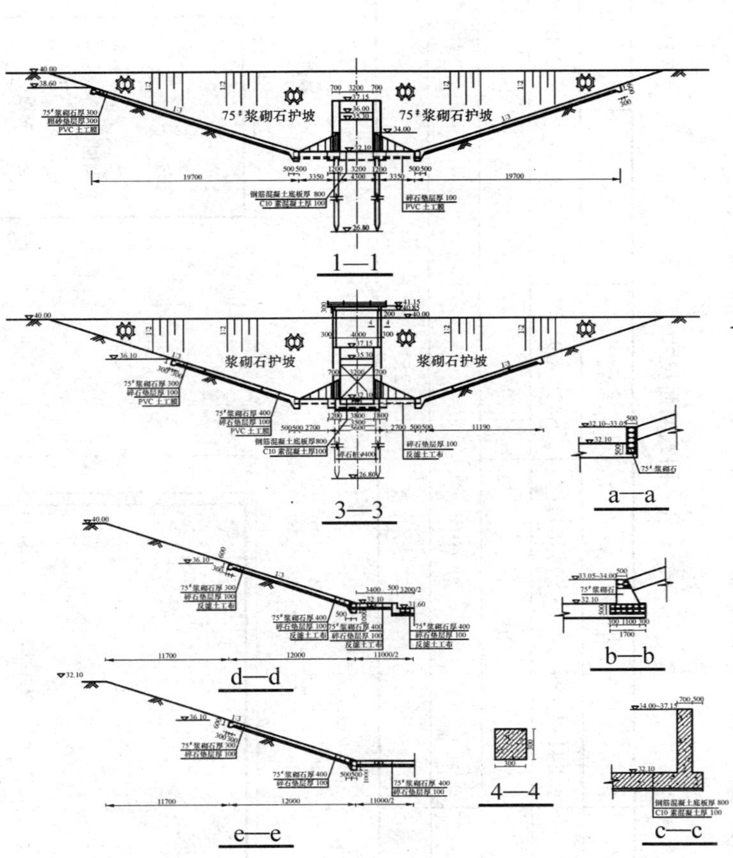

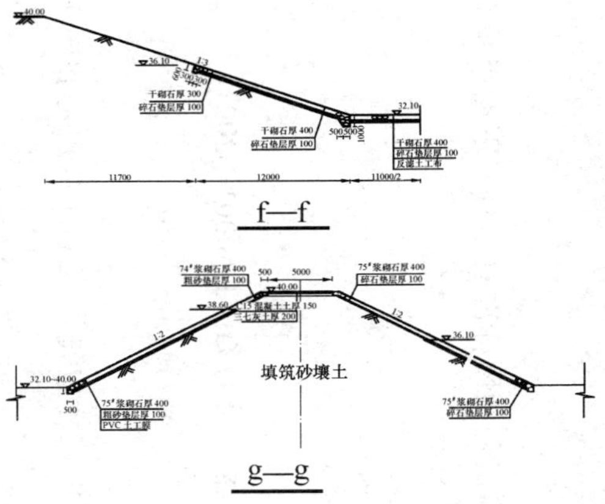

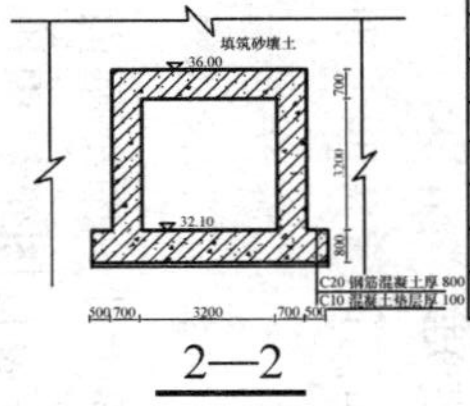

主要技术指标

名称	单位	数量
设计流量	m^3/s	50
设计蓄水深	m	6
闸门高	m	3.3
闸孔净宽	m	3.2
孔数	孔	1
闸底板高程	m	32.10
启闭机型号		LQ1×8t

说明：
1. 图中尺寸以mm计，高程以m计。
2. 机架桥、洞身采用C20钢筋混凝土，垫层为C10混凝土。
3. 图1—1、3—3、d—d、e—e、f—f、g—g、的比例尺为：5000　10000。
4. 图a—a、b—b、c—c、2—2、4—4、的比例尺为：5000　10000。

图 15-8　节制闸剖面图

附录Ⅰ 《工程制图》标准简介

由于历史的原因和行业的差别，我国现行的工程制图标准有多种，下面简单介绍几种相关专业的制图标准，以便于绘制专业图形时参考。

一、房屋建筑工程制图标准

(一)房屋建筑制图统一标准

该标准为中华人民共和国国家标准，现行标准代号为 GB/T 50001—2001。

1. 图纸幅面和标题栏

1)图纸幅面

图纸幅面也就是图纸的大小，图纸幅面及图框尺寸应符合表Ⅰ-1 的规定和图Ⅰ-1 所示的格式。表中的 *e* 表示不装订图纸各周边尺寸。

表Ⅰ-1　图纸幅面尺寸　(单位：mm)

幅面代号	A0	A1	A2	A3	A4
$B\times L$	841×1 189	594×841	420×594	297×420	210×297
e	20		10		
c	10			5	
a	25				

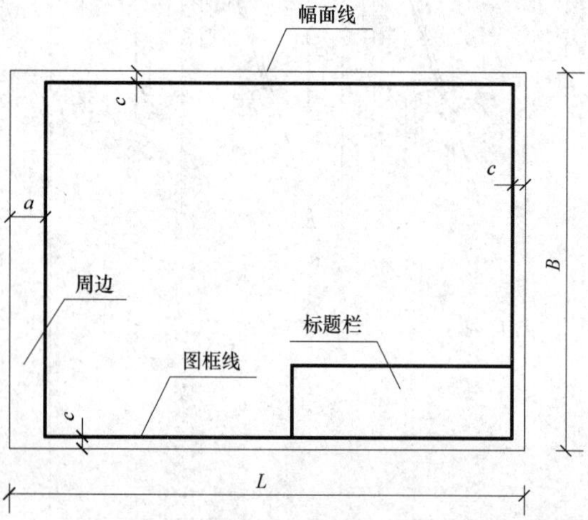

(a)A0~A3 横式幅面

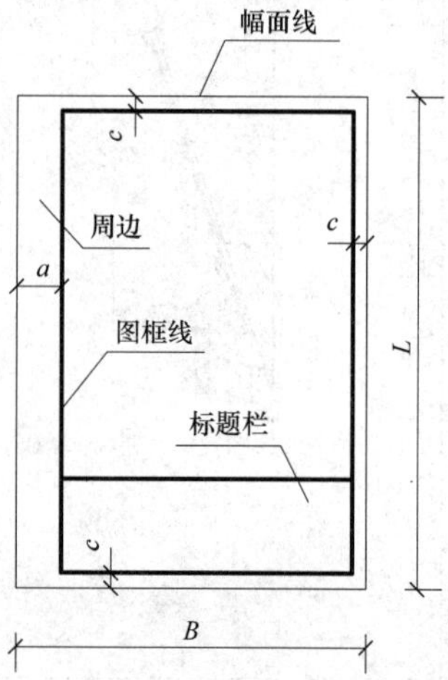

(b)A4 立式幅面

图Ⅰ-1　装订图纸的幅面及图框格式

2)标题栏

标题栏一般位于图纸图框的右下角处，根据工程需要选择确定其尺寸、格式及分区。CAD 作业中所用标题栏建议采用图Ⅰ-2 所示的形式。

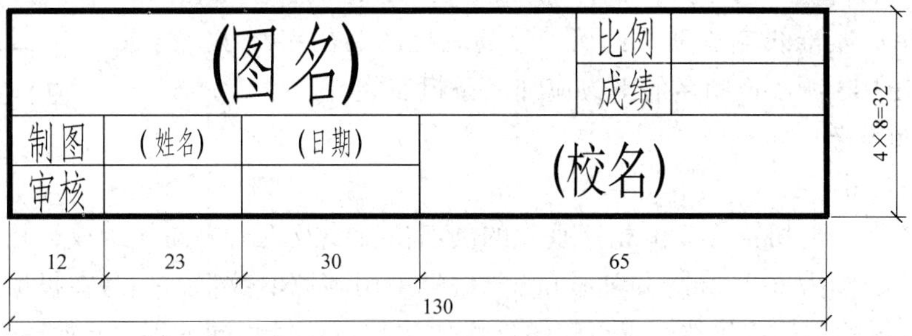

图Ⅰ-2　作业用标题栏

2. 图线

工程制图中常用图线见表Ⅰ-2，其中，*b* 为图线的宽度，可根据图样的复杂程度及比例，选用国家标准规定的线宽值；一般情况下，可取 *b*=0.7 mm。

表Ⅰ-2　工程制图中常用图线

名称	线型	线宽	一般用途
粗实线		*b*	主要可见轮廓线
中实线		0.5*b*	可见轮廓线
细实线		0.25*b*	可见轮廓线、图例线
细虚线		0.25*b*	不可见轮廓线、图例线
点画线		0.25*b*	中心线、对称线等
双点画线		0.25*b*	假想轮廓线等
折断线		0.25*b*	断开界线
波浪线		0.25*b*	断开界线

图框及标题栏所用图线宽度见表Ⅰ-3。

表Ⅰ-3　图框线、标题栏线的宽度　(单位：mm)

幅面代号	图幅线	图框线	标题栏外框线	标题栏分格线、会签栏线
A0、A1	0.35	1.4	0.7	0.35
A2、A3、A4	0.35	1.0	0.7	0.35

3. 字体

图纸中文字的字高，应从如下系列中选用：3.5 mm、5 mm、7 mm、10 mm、14 mm、20 mm。

图样及说明中的汉字，宜采用长仿宋体，字宽约为字高的 0.7 倍。拉丁字母、阿拉伯数字与罗马数字的字高，应不小于 2.5 mm。

4. 比例

比例符号为“：”，比例以阿拉伯数字表示；比例宜注写在图名的右侧，字的基准线应取平；比例的字高宜比图名的字高小一号或二号，如图Ⅰ-3 所示；图名的下方应加一条粗实线。

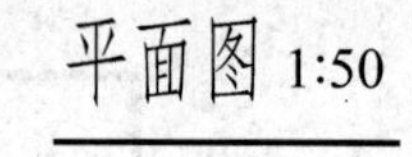

图Ⅰ-3　比例的注写

5. 常用符号

1)剖切符号

剖面图中的剖切符号应由相互垂直的剖切位置线及投射方向线组成，均以粗实线绘制；其长度分别为 6~10 mm 和 4~6 mm。编号采用阿拉伯数字，注写在投射方向线的端部；需要转折的剖切位置线，应在转角外侧加注与该符号相同的编号；如图Ⅰ-4(a)所示。

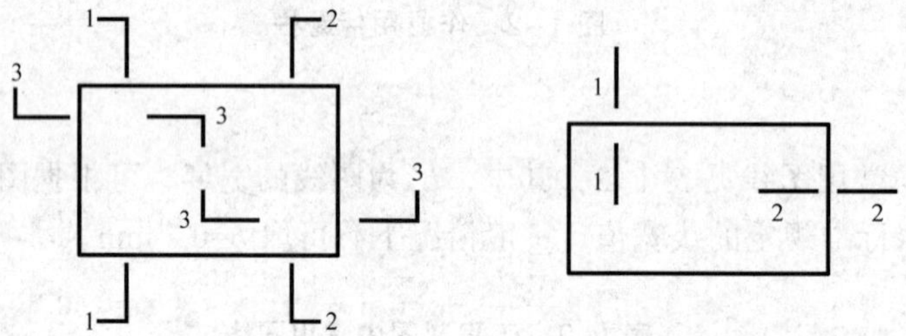

(a)剖面图中的剖切符号　　(b)断面图中的剖切符号

图Ⅰ-4　剖切符号

断面图中的剖切符号应只用剖切位置线表示，以粗实线绘制；长度宜为 6~10 mm。编号采用阿拉伯数字，注写在剖切位置线的投射方向一侧，如图Ⅰ-4(b)所示。

2)定位轴线符号

定位轴线符号的圆直径为 8~10 mm，以细实线绘制。横向编号应用阿拉伯数字，从左至右顺序编写，注在图样下方；竖向编号应用大写拉丁字母，从下至上顺序编写，注在图样左侧；如图Ⅰ-5(a)所示。附加定位轴线的形式，如图Ⅰ-5(b)所示。

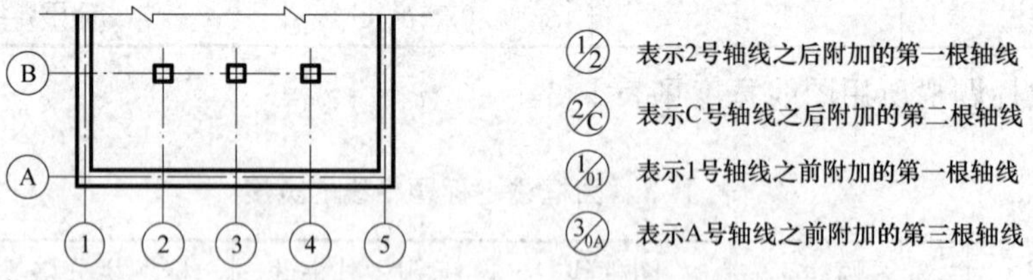

(a)定位轴线的编号顺序　　(b)附加定位轴线的形式

图Ⅰ-5　定位轴线符号

3)索引符号与详图符号

索引符号由直径为 10 mm 的圆和水平直径组成，圆及水平直径均以细实线绘制，如图Ⅰ-6 所示。

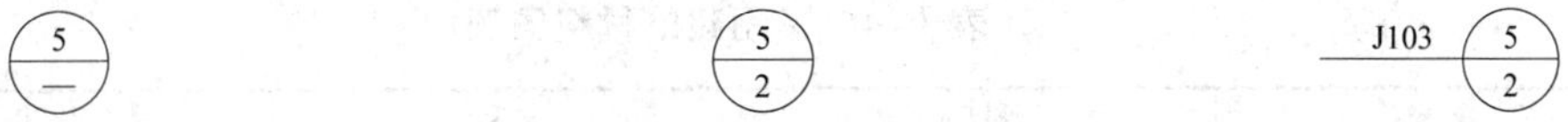

(a)详图与索引图在同一张图纸上 (b)详图与索引图在不同图纸上 (c)采用标准图

图Ⅰ-6 索引符号

详图符号的圆直径为 14 mm，以粗实线绘制，水平直径线以细实线绘制，如图Ⅰ-7 所示。

零件、钢筋、杆件、设备等的编号，以直径为 4~6 mm 的细实线圆表示，其编号用阿拉伯数字按顺序编写；如图Ⅰ-8 所示。

(a)与被索引图在同一张图纸上 (b)与被索引图在不同图纸上

图Ⅰ-7 详图符号

图Ⅰ-8 钢筋等编号

4)指北针符号

指北针符号的圆直径为 24 mm，以细实线绘制。指针尾宽为 3 mm，头部注写“北”或“N”；如图Ⅰ-9 所示。

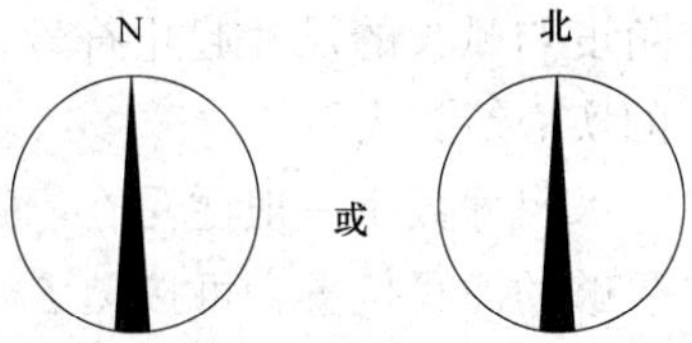

图Ⅰ-9 指北针符号

5)标高符号

标高符号为用细实线绘制的等腰直角三角形，如图Ⅰ-10(a)所示，该三角形高度 h 约为 3 mm，L 根据所注标高数字长度适当选取；若标注位置不够，可按图Ⅰ-10(b)所示形式标注，并根据需要选取引出线长度；总平面图中室外地坪标高符号宜用涂黑的三角形表示，如图Ⅰ-10(c)所示；标高符号的尖端应指至被注高度的位置，尖端一般向下，也可向上，标高数字注写在标高符号的左侧或右侧，如图Ⅰ-10(d)所示；标高数字应以米为单位，注写到小数点以后第三位，在总平面图中可注写到小数点以后第二位；在图样的同一位置需表示几个不同标高时，标高数字可按图Ⅰ-10(e)所示的形式注写。

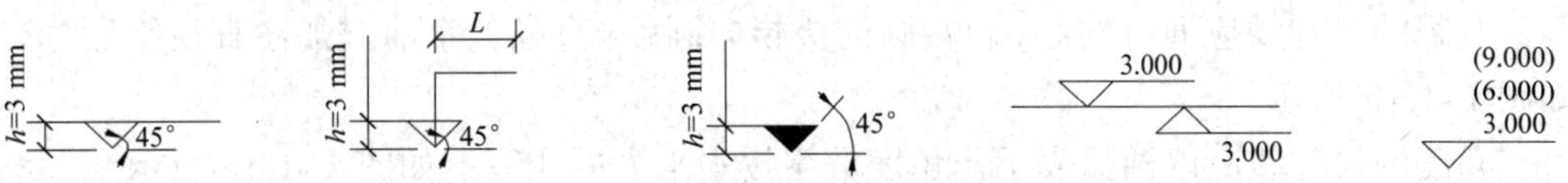

(a)一般注法 (b)引出注法 (c)室外地坪 (d)标高指向 (e)多个标高

图Ⅰ-10 标高符号

6. 常用建筑材料图例

剖面图中规定，被剖切面剖切到的部分应绘制相应的材料图例。国家标准对常用建筑材料图例做了规定，表Ⅰ-4 摘录了部分常用图例。

表Ⅰ-4　常用建筑材料图例

名称	图例	名称	图例
夯实土壤		钢筋混凝土	
普通砖		砂、灰土	
混凝土		多孔材料	

7. 尺寸标注

1)尺寸标注的一般规则

图样上的尺寸，包括尺寸界线、尺寸线、尺寸起止符号和尺寸数字。图样上的尺寸单位，除标高及总平面图以米为单位外，其他必须以毫米为单位。

尺寸界线用细实线绘制，一般与被注长度垂直；尺寸界线与图样轮廓线及尺寸线的位置关系如图Ⅰ-11所示。图样轮廓线可用做尺寸界线。

尺寸线用细实线绘制，与被注长度平行。图样本身的任何图线均不得用做尺寸线。

尺寸起止符号一般用中粗斜短线绘制，其倾斜方向与尺寸界线成顺时针45°，长度为2~3 mm。半径、直径、角度与弧长的尺寸起止符号，用尾宽为b、长度为$4b$~$5b$的实心箭头表示。

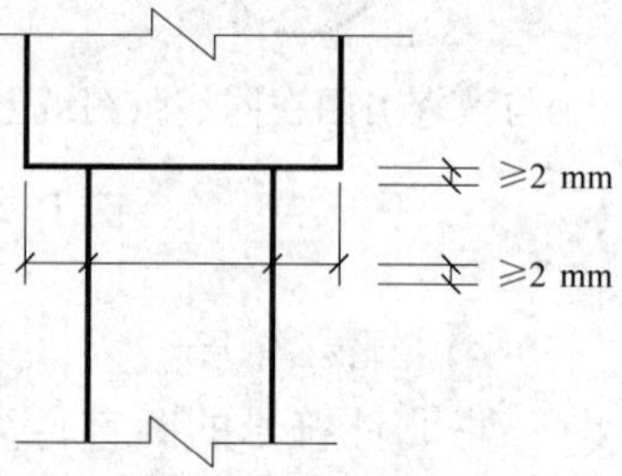

图Ⅰ-11　尺寸界线

尺寸数字一般注写在靠近尺寸线的上方中部。若没有足够的注写位置，可按图Ⅰ-12所示进行标注。

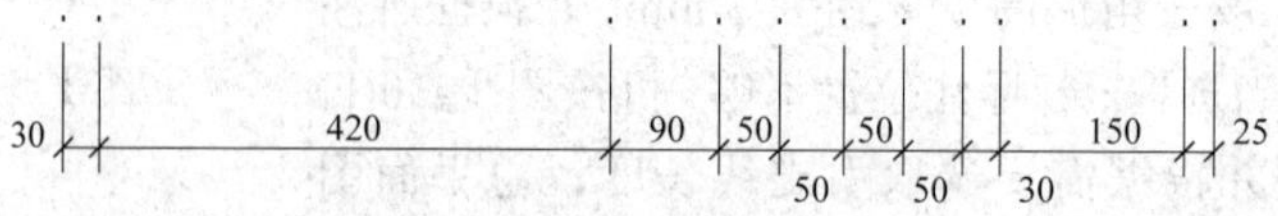

图Ⅰ-12　尺寸数字的注写位置

2)半径、直径及角度的尺寸标注方法

半径的尺寸线应一端从圆心开始，另一端画箭头指向圆弧。半径数字前应加注半径符号"R"，如图Ⅰ-13(a)所示。

直径的尺寸线应通过圆心，两端画箭头指向圆弧。直径数字前应加注直径符号"ϕ"；如图Ⅰ-13(b)所示。

角度的尺寸线应以圆弧表示。角度数字按水平方向注写；如图Ⅰ-13(c)所示。

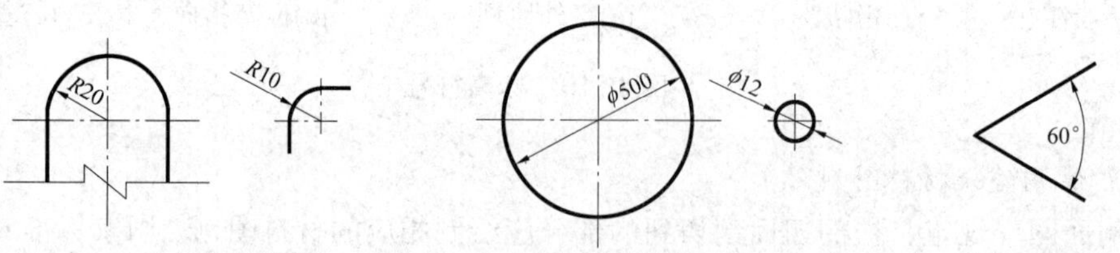

(a)半径标注　　(b)直径标注　　(c)角度标注

图Ⅰ-13　半径、直径及角度的尺寸标注方法

(二)总图制图标准

该标准为中华人民共和国国家标准，现行标准代号为 GB/T 50103—2001。

1. 图线

总图制图应根据图纸功能，按表Ⅰ-5 规定的线型选用。

表Ⅰ-5 总图制图图线

名称	线型	线宽	名称	线型	线宽
粗实线		b	粗点画线		b
中实线		$0.5b$	中点画线		$0.5b$
细实线		$0.25b$	细点画线		$0.25b$
粗虚线		b	粗双点画线		b
中虚线		$0.5b$	折断线		$0.5b$
细虚线		$0.25b$	波浪线		$0.5b$

2. 图例

总平面图例应符合表Ⅰ-6 的规定。

表Ⅰ-6 总平面图例

名称	图例	线型	名称	图例	线型
新建建筑物		粗实线	计划扩建建筑物	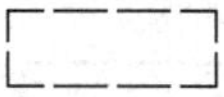	中虚线
原有建筑物	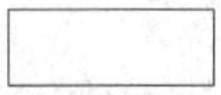	线实线	拆除的建筑物	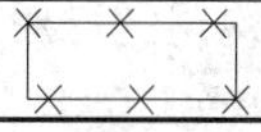	细实线

注：新建建筑物图例中右上角数字表示建筑物层数。

(三)建筑制图标准

该标准为中华人民共和国国家标准，现行标准代号为 GB/T 5010Ⅰ—2001。

1. 图线

建筑专业制图采用的图线见表Ⅰ-7。

表Ⅰ-7 建筑专业制图图线

名称	线型	线宽	一般用途
粗实线		b	平、剖面图中被剖切的主要建筑构造的轮廓线； 建筑立面图的外轮廓线； 建筑构造详图中被剖切的主要部分的轮廓线
中实线		$0.5b$	平、剖面图中被剖切的次要建筑构造的轮廓线； 建筑平、立、剖面图中建筑构配件的轮廓线； 建筑构造详图及构配件详图中的一般轮廓线
细实线		$0.25b$	小于 $0.5b$ 的图形线、尺寸线、尺寸界线、图例线、索引符号、标高符号、详图材料做法引出线等
中虚线		$0.5b$	建筑构造及建筑构配件不可见轮廓线
细虚线		$0.25b$	图例线，小于 $0.5b$ 的不可见轮廓线
点画线		$0.25b$	中心线、定位轴线、对称线等

2. 图例

常用构配件图例，见表Ⅰ-8。

表Ⅰ-8 常用构配件图例

名称	图例	名称	图例
单扇门 (包括平开或单面弹簧)	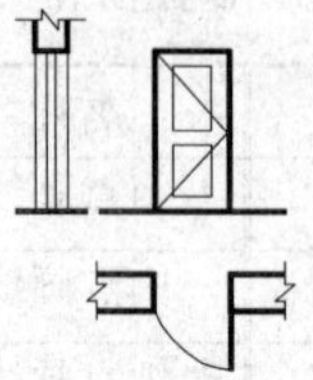	单层固定窗	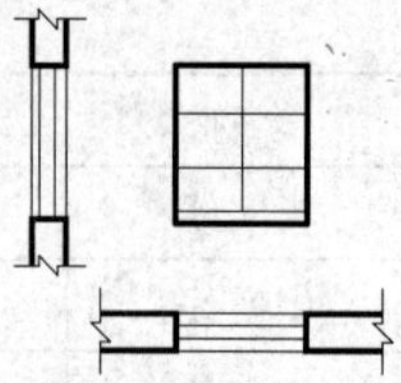
双扇门 (包括平开或单面弹簧)	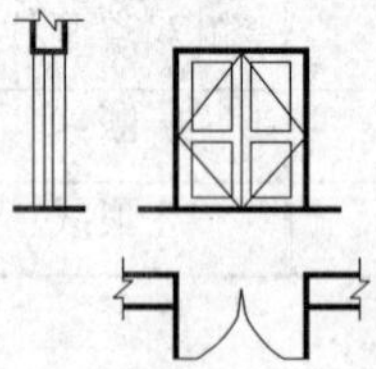	单层外开平开窗	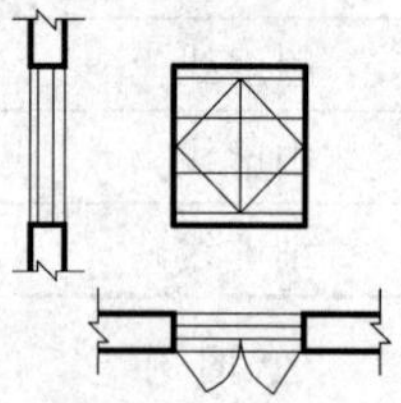
推拉门	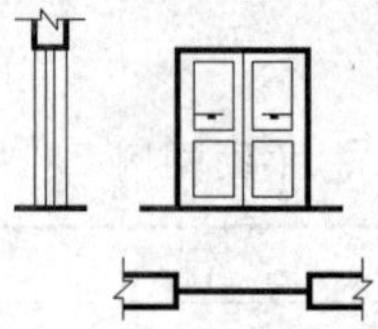	推拉窗	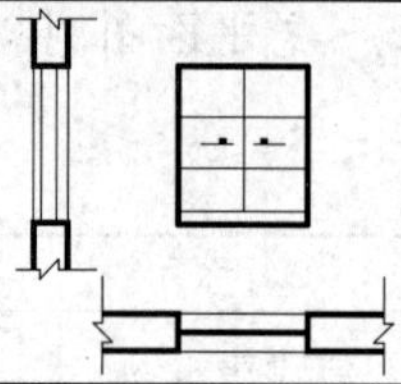

(四)建筑结构制图标准

该标准为中华人民共和国国家标准，现行标准代号为 GB/T 50105—2001。

1. 图线

建筑结构专业制图采用的图线见表Ⅰ-9。

表Ⅰ-9 建筑结构专业制图图线

名称	线型	线宽	一般用途
粗实线	———	b	螺栓、主钢筋线、结构平面图中的单线结构构件线等
中实线	———	$0.5b$	结构平面图及详图中剖到或看到的墙身轮廓线，基础轮廓线，钢、木结构轮廓线等
细实线	———	$0.25b$	可见的钢筋混凝土构件的轮廓线等
中虚线	— — —	$0.5b$	结构平面图中的不可见构件、墙身轮廓线等
细虚线	— — —	$0.25b$	不可见钢筋混凝土构件轮廓线等
点画线	—·—	$0.25b$	中心线、定位轴线、对称线等

2. 混凝土结构

混凝土结构中经常要加入钢筋，钢筋的图示方法见表Ⅰ-10。

表Ⅰ-10　钢筋的图示方法

图例	名称及说明	图例	名称及说明
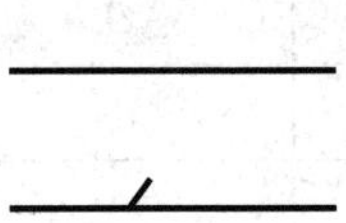	端部无弯钩钢筋 下图表示长短钢筋投影重叠时短钢筋的端部用斜画线表示	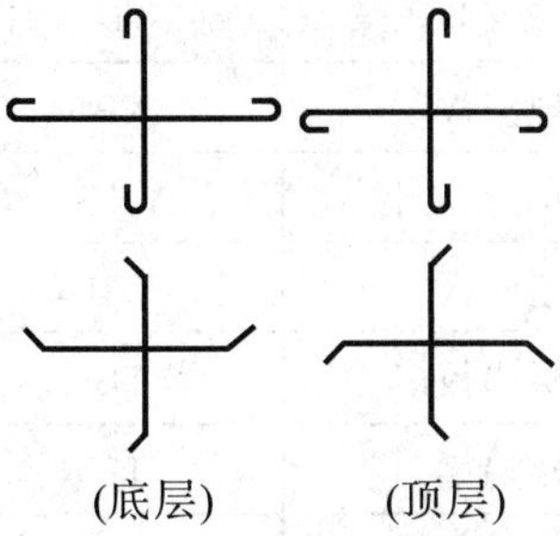	结构平面图中配置双层钢筋时，底层钢筋弯钩向上或向左，顶层钢筋弯钩向下或向右
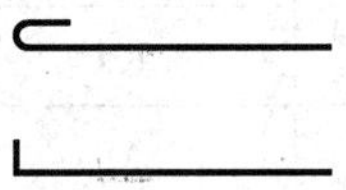	端部是半圆形弯钩或直弯钩的钢筋		
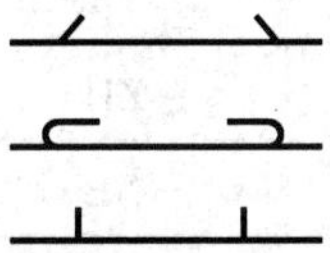	钢筋的搭接 上为无弯钩，中为半圆弯钩，下为直弯钩	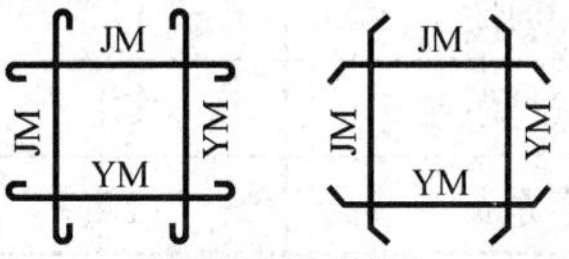(JM近面:YM远面)	砖混墙体配双层钢筋时，配筋立面图中远面钢筋弯钩向上或向左；近面弯钩向下或向右

3. 钢结构

钢结构中常用型钢的标注方法见表Ⅰ-11。

表Ⅰ-11　常用型钢的标注方法

名称	截面	标注	说明
等边角钢		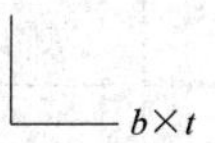	b 为肢宽 t 为肢厚
不等边角钢	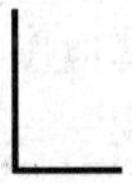	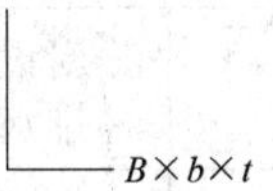	B 为长肢宽 b 为短肢宽 t 为肢厚
工字钢		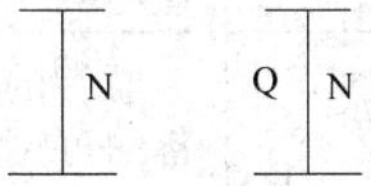	N 为工字钢的型号 轻型工字钢加注 Q 字
槽钢		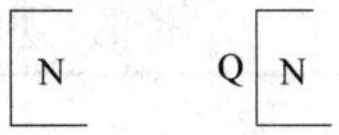	N 为槽钢的型号 轻型槽钢加注 Q 字

4. 常用构件代号

预制钢筋混凝土构件、现浇钢筋混凝土构件、钢构件和木构件，一般可直接采用表Ⅰ-12 中的构件代号。

表Ⅰ-12 常用构件代号

序号	名称	代号	序号	名称	代号
1	基础	J	11	现浇梁	XL
2	现浇板	XB	12	基础梁	JL
3	预应力空心板	YKB	13	现浇柱	XZ
4	屋面板	WB	14	构造柱	GZ
5	楼梯板	TB	15	框架	KJ
6	楼梯梁	TL	16	预埋件	M
7	梁	L	17	雨篷	YP
8	圈梁	QL	18	阳台	YT
9	过梁	GL	19	桩	ZH
10	连系梁	LL	20	盖板	GB

(五)给水排水制图标准

该标准为中华人民共和国国家标准，现行标准代号为 GB/T 50106—2001。

1. 图线

给水排水专业制图采用的图线，见表Ⅰ-13。

表Ⅰ-13 给水排水专业制图图线

名称	线型	线宽	用途
粗实线	————	*b*	新设计的各种排水和其他重力流管线
粗虚线	— — — —	*b*	新设计的各种排水和其他重力流管线的不可见轮廓线
中粗实线	————	0.75*b*	新设计的各种给水和其他压力流管线；原有的各种排水和其他重力流管线
中粗虚线	— — — —	0.75*b*	新设计的各种给水和其他压力流管线及原有的各种排水和其他重力流管线的不可见轮廓线
中实线	————	0.5*b*	原有的各种给水和其他压力流管线；给水排水设备的可见轮廓线
中虚线	— — — —	0.5*b*	原有的各种给水和其他压力流管线及给水排水设备的不可见轮廓线

2. 图例

给水排水专业中各种管道附件、配件、卫生设备等的图例，见表Ⅰ-14。

3. 管道的图示方法及编号

管道是给水排水专业制图中的主要图示内容。一般采用粗实线或粗虚线表示给水排水平面图上的水平管道及系统图上的所有管道，用小圆圈表示平面图上的立管。

表Ⅰ-14　给水排水专业常用图例

名称	图例	名称	图例
给水管		球阀	
排水管		放水龙头	平面　系统
流向		水表井	
坡向	i=X%	台式洗脸盆	
管道立管	XL 平面　XL 系统	浴盆	
立管检查口		盥洗槽	
通气帽	成品　铅丝球	污水池	
清扫口	平面　系统	蹲式大便器	
圆形地漏		坐式大便器	
多孔水管		小便槽	
存水管	P型　S型	淋浴喷头	

为了区分管道类别，应在管道旁边标注编号。管道编号由管道类别代号和数量编号组成类别代号用大写汉语拼音字母表示，数量编号是在同类别管道数量超过1根时，用阿拉伯数字对其进行编号。例如：“J”表示给水；“P”表示排水；“JL–1”表示1号给水立管；“PL–1”表示1号排水立管。

管道的图示方法及编号如图Ⅰ-14及图Ⅰ-15所示。

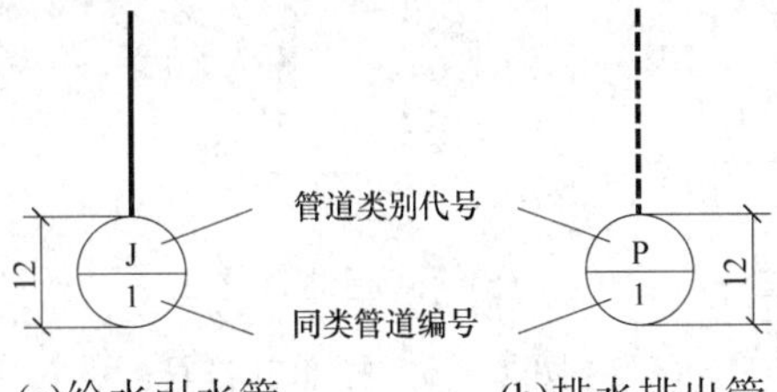

(a)给水引水管　(b)排水排出管

图Ⅰ-14　给、排水管的图示方法及编号

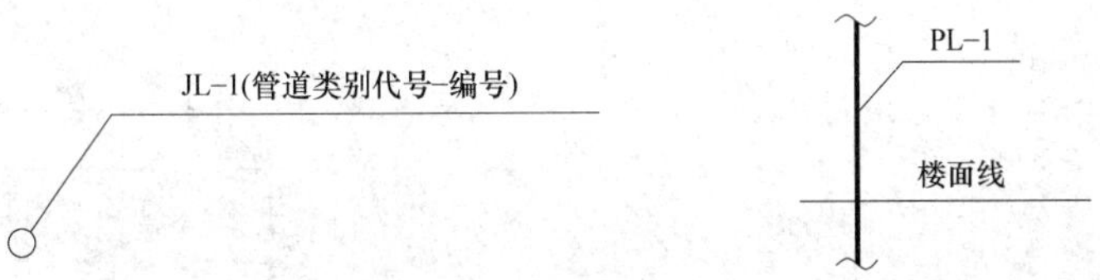

(a)平面图　(b)剖面图、系统原理图、轴测图等

图Ⅰ-15　立管的图示方法及编号

二、水利水电工程制图标准

该标准为中华人民共和国行业标准，现行标准代号为 SL 73.1—95~SL73.5—95。该标准中对图纸幅面、标题栏及字体的规定与前述规定相同，这里不再叙述。

1. 图线

绘制水利水电工程图样时，应根据不同的用途采用表Ⅰ-15 中规定的图线。

表Ⅰ-15　水工图中常用图线

名称	线型	线宽	一般用途
粗实线	————	b	可见轮廓线、分缝线等
虚线	— — — —	$b/2$	不可见轮廓线及分缝线
细实线	————	$b/3$	尺寸线、尺寸界线等
点画线	—— · ——	$b/3$	中心线、轴线、对称线等
双点画线	—— ·· ——	$b/3$	假想轮廓线等

图样中的图线分为粗、中、细三种，其宽度分别为 b、$b/2$、$b/3$；图线宽度 b 应符合推荐系列值，一般可取 b=0.7 mm 或 1 mm。

2. 常用符号

1)指北针符号

水利水电工程图样中，指北针符号可采用图Ⅰ-16 所示样式绘制。

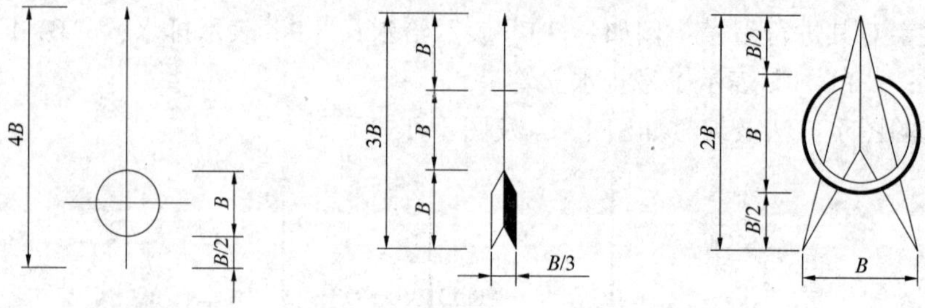

(a)简式指北针之一　(b)简式指北针之二　(c)指北针

图Ⅰ-16　指北针符号

2)水流方向符号

水利水电工程图样中，采用箭头符号表示水流方向，根据需要可采用图Ⅰ-17 所示样式绘制。

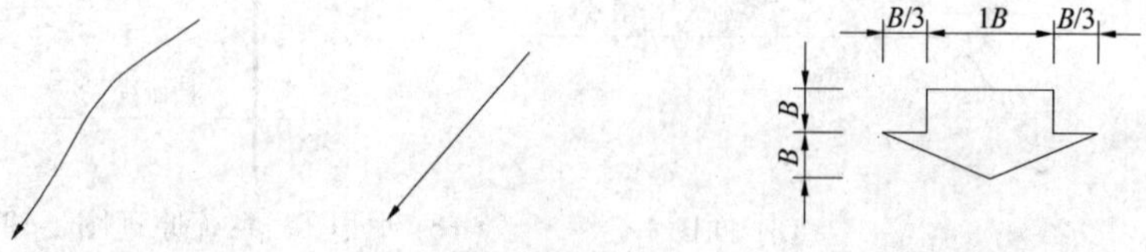

(a)简式符号之一　(b)简式符号之二　(c)水流方向符号

图Ⅰ-17　水流方向符号

3)标高符号

水利水电工程图样中，标高符号可根据需要选用图Ⅰ-18 所示样式绘制；图中符号均采用细实线绘制，其中 h 约为数字高的 2/3。

(a)立视图的标高符号　(b)平面图的标高符号　(c)水面的标高符号　(d)特征水位的标高符号

图Ⅰ-18 标高符号

3. 材料图例

在水利水电工程图样中，除采用常用的建筑材料图例外，还有一些特有图例，表Ⅰ-16 中做了部分摘录。

表Ⅰ-16 水工图中常用的材料图例

名称	图例	名称	图例
岩石	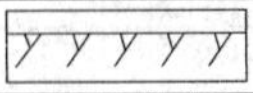	干砌块石	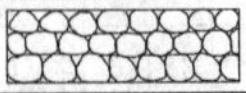
金属		浆砌条石	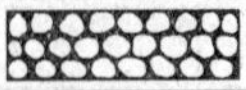
水、液体	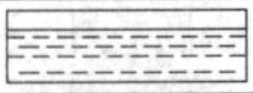	干砌条石	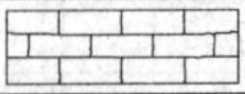
碎石	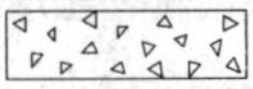	浆砌条石	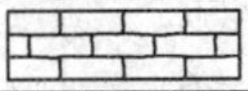
礁石	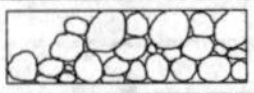	砂砾石	

这里要提醒大家注意的是，建筑图中表示普通砖的图例，在水工图中表示金属材料。

4. 尺寸标注

水工图样中标注的尺寸单位，除标高、规划图(流域规划图以千米为尺寸单位)及总布置图的尺寸以米为单位外，其余尺寸均以毫米为单位，图中不必说明。若采用其他尺寸单位，则必须在图纸中加以说明。

水工图样中的尺寸标注四要素，包括尺寸界线、尺寸线、尺寸箭头和尺寸数字。其中，尺寸起止符号采用长度为 $4b$、尾宽为 b 的实心箭头表示；必要时用倾斜方向与尺寸界线成顺时针 45°、长度为 2~3 mm 的细短线表示。其余三个要素的相关规定同前述。

三、CAD 工程制图规则

该规则为中华人民共和国国家标准，现行标准代号为 GB/T 18229—2000。

标准中规定了用计算机绘制工程图的基本规则。适用于机械、电气、建筑等领域的工程制图以及相关文件。

该标准中对图纸幅面及标题栏的规定与前述规定相同，这里不再叙述。

1. 比例

在 CAD 工程图中需要按比例绘制图形时，一般应按表Ⅰ-17 的规定选用；必要时可参照 GB/T 14690—1993 中的规定选用其他比例。

表Ⅰ-17　常用绘图比例

种　　类	比　　例
原值比例	1∶1
放大比例	5∶1、　2∶1、　5×10^n∶1、　2×10^n∶1、　1×10^n∶1
缩小比例	1∶2、　1∶5、　1∶10、　1∶2×10^n、　1∶5×10^n、　1∶10×10^n

注：*n* 为正整数。

2. 字体

CAD 工程图中的字体，应遵守相关行业的有关标准或规定；一般汉字多采用 5 号字，字母及数字采用 3.5 号字。

CAD 工程图中的字体选用范围见表Ⅰ-18。

表Ⅰ-18　字体选用范围

汉字字型	国家标准号	字体文件名	应用范围
长仿宋体	GB/T 13362.4～13362.5—1992	hzcf.*	图中标注及说明的汉字、标题栏、明细栏等
单线宋体	GB/T 13844—1992	hzdx.*	大标题、小标题、图册封面、目录清单、标题栏中设计单位名称、图样名称、工程名称、地形图等
宋体	GB/T 13845—1992	hzst.*	
仿宋体	GB/T 13846—1992	hzfs.*	
楷体	GB/T 13847—1992	hzkt.*	
黑体	GB/T 13848—1992	hzht.*	

3. 图线

CAD 工程图中的图线，应遵守相关行业的有关标准或规定；CAD 制图规则中对基本线型代码及图线在屏幕上的显示颜色做了规定，表Ⅰ-19 中做了部分摘录，相同类型的图线应采用同样的颜色。

表Ⅰ-19　基本线型代码及图线颜色显示

名称	图线类型			屏幕上的颜色
01	实线	粗实线		白色
		细实线		绿色
02	虚线			黄色
04	点画线	细点画线		红色
		粗点画线		棕色
05	双点长画线			粉红色
01 变形	折断线			绿色
	波浪线			

4. 尺寸标注

CAD 工程图中的尺寸标注，应遵守相关行业的有关标准或规定。

附录Ⅱ 常用命令输入法及功能总汇

3D				
命令	简化命令	菜单输入	工具栏输入	功能
3D				创建三维多边形网格对象
3Darray	3a	“修改”菜单：“三维操作”→“三维阵列”		创建三维阵列
3Dcorbit		“视图”菜单：“动态观察”→“连续动态观察”	“动态观察”工具栏：	启用交互式三维视图并允许用户设置对象在三维视图中连续运动
3Ddistance		“视图”菜单：“相机”→“调整视距”	“相机调整”工具栏：	启用交互式三维视图并使对象显示得更近或更远
3Dface	3f	“绘图”菜单：“建模”→“网格”→“三维面”		创建三维面
3Dmesh		“绘图”菜单：“建模”→“网格”→“三维网格”		创建自由格式的多边形网格
3Dorbit	3Do	“视图”菜单：“动态观察”→“受约束的动态观察”	“动态观察”工具栏：	控制在三维空间中交互式查看对象
3Dpan		“视图”菜单：“平移”	“三维导航”工具栏：	启用交互式三维视图并允许用户水平和垂直拖动视图
3Dpoly	3p	“绘图”菜单：“三维多段线”		在三维空间创建多段线
3Dswivel		“视图”菜单：“相机”→“回旋”	“三维导航”工具栏：	启用交互式三维视图模拟旋转相机的效果
3Dzoom		“视图”菜单：“缩放”	“三维导航”工具栏：	启用交互式三维视图使用户可以缩放视图

A				
命令	简化命令	菜单输入	工具栏输入	功能
About		“帮助”菜单：“关于”		显示关于 AutoCAD 的信息
Acisin		“插入”菜单：“ACIS 文件”		输入 ACIS 文件
Acisout				将 AutoCAD 实体对象输出到 ACIS 文件中
Adcclose				关闭 AutoCAD 设计中心
Adcenter		“工具”菜单：“选项板”→“设计中心”	“标准”工具栏：	管理和插入块、外部参照和填充图案等内容
Align	Al	“修改”菜单：“三维操作”→“对齐”		在二维和三维空间中将对象与其他对象对齐

Aperture				控制对象捕捉靶框大小
Appload	Ap	“工具”菜单：“加载应用程序”		加载或卸载应用程序并定义启动时要加载的应用程序
Arc	A	“绘图”菜单：“圆弧”	“绘图”工具栏：	创建圆弧
Area	Aa	“工具”菜单：“查询”→“面积”	“查询”工具栏：	计算对象或指定区域的面积和周长
Array	Ar	“修改”菜单：“阵列”	“修改”工具栏：	创建按指定方式排列的多个对象副本
Arx				加载、卸载 OBJECTARX 应用程序并提供相关信息
Assist		“帮助”菜单：“信息选项板”		打开“时助手”口，它自动或根据需要提供上下文相关信息
Attdef	Att	“绘图”菜单：“块”→“定义属性”		创建属性定义
Attedit	Ate	“修改”菜单：“对象”→“属性”→“单个”		改变属性信息
Attext				提取属性数据
Attredef				重定义块并更新关联属性
Attsync			“修改Ⅱ”工具栏：	通过使用定义给块的当前属性，更新指定块的所有实例
Audit		“文件”菜单：“绘图实用程序”→“核查”		检查图形的完整性

B

命令	简化命令	菜单输入	工具栏输入	功能
Baction			“块编辑器”工具栏：	向动态块定义中添加动作
Bactionset				指定与动态块定义中的动作相关联的对象选择集
Base		“绘图”菜单：“块”→“基点”		设置当前图形的插入基点
Batman		“修改”菜单：“对象”→“属性”→“块属性管理器”	“修改Ⅱ”工具栏：	编辑块定义的属性特性
Bauthorpalette			“块编辑器”工具栏：	打开块编辑器中的“块编写选项板”窗口
Bauthorpalete-close			“块编辑器”工具栏：	关闭块编辑器中的“块编写选项板”窗口
Bhatch	h,Bh			使用图案填充封闭区域或选定对象
Blipmode				控制点标记的显示
Block	b	“绘图”菜单：“块”→“生成”	“绘图”工具栏：	根据选定对象创建块定义

Blockicon		“文件”菜单：“绘图实用程序”→“更新块图标”		生成在 AutoCAD 设计中心中显示的块的预览图像
Boundary	Bo	“绘图”菜单：“边界”		从封闭区域创建面域或多段线
Box		“绘图”菜单：“建模”→“长方体”	“建模”工具栏：	创建三维实体长方体
Bparameter			“块编辑器”工具栏：	向动态块定义中添加带有夹点的参数
Break	Br	“修改”菜单：“打断”	“修改”工具栏：	在两点之间打断选定对象
Browser			“Web”工具栏：	启动在系统注册表中定义的默认 Web 浏览器

C				
命令	简化命令	菜单输入	工具栏输入	功能
Cal				计算算术和几何表达式
Camera			“视图”工具栏：	设置相机和目标的不同位置
Chamfer	Cha	“修改”菜单：倒角	“修改”工具栏：	为对象的边加倒角
Change	-Ch			修改现有对象的特性
Check-standards		“工具”菜单：“CAD 标准”→“检查”	“CAD 标准”工具栏：	检查当前图形违反标准的情况
Circle	C	“绘图”菜单：圆	“绘图”工具栏：	创建圆
Close		“文件”菜单：关闭		关闭当前图形
Closeall		“窗口”菜单：全部关闭		关闭当前所有打开的图形
Color	Col	“格式”菜单：颜色		设置新对象的颜色
Command-line		“工具”菜单：命令行		显示命令行
Command-linehide		“工具”菜单：命令行		隐藏命令行
Cone		“绘图”菜单：“建模”→“圆锥体”	“建模”工具栏：	创建三维实体圆锥
Convert				优化用 AutoCAD R13 或早期版本创建的二维多段线和关联填充
Convtosolid		“修改”菜单：“三维操作”→“转换为实体”		将具有厚度的多段线和圆转换为三维实体
Convto-surface		“修改”菜单：“三维操作”→“转换为曲面”		将对象转换为曲面
Copy	Co,Cp	“修改”菜单：“复制”	“修改”工具栏：	复制对象
Copybase		“编辑”菜单：“带基点复制”		使用指定基点复制对象

Copyclip		“编辑”菜单：“复制”	“标准”工具栏：	将对象复制到剪贴板
Copyhist				将命令行历史记录文字复制到剪贴板
Copylink		“编辑”菜单：“复制链接”		将当前视图复制到剪贴板中以便链接到其他 OLE 应用程序
Copytolayer		“格式”菜单：“图层工具”→“将对象复制到新图层”	“图层Ⅱ”工具栏：	将一个或多个对象复制到其他图层
Customize		“工具”菜单：“自定义”→“工具选项板”		自定义工具栏、按钮和快捷键
Cutclip		“编辑”菜单：“剪切”	“标准”工具栏：	将对象复制到剪贴板并从图形中删除对象
Cylinder		“绘图”菜单：“建模”→“圆柱体”	“建模”工具栏：	创建三维实体圆柱

D				
命令	简化命令	菜单输入	工具栏输入	功能
Dbconnect	aad, aex, ali	“工具”菜单：“选项板”→“数据库连接”		为外部数据库表提供 AutoCAD 接口
Dblist				在图形数据库列表中列出每个对象的数据库信息
Ddedit	ed	“修改”菜单：“对象”→“文字”→“编辑”	“文字”工具栏：	编辑文字、标注文字、属性定义和特征控制框
Ddptype		“格式”菜单：“点样式”		指定点对象的显示样式及大小
Ddvpoint	vp	“视图”菜单：“三维视图”→“视点预置”		设置三维观察方向
Dim 和 Dim1				进入标注模式
Dimaligned	Dal, Dimali	“标注”菜单：“对齐”	“标注”工具栏：	创建对齐线性标注
Dimangular	Dan, Dimang	“标注”菜单：“角度”	“标注”工具栏：	创建角度标注
Dimbaseline	Dba, Dimbase	“标注”菜单：“基线”	“标注”工具栏：	从上一个标注或选定标注的基线处创建线性标注、角度标注或坐标标注
Dimcenter	Dce	“标注”菜单：“圆心标记”	“标注”工具栏：	创建圆和圆弧的圆心标记或中心线
Dimcontinue	Dco, Dimcont	“标注”菜单：“连续”	“标注”工具栏：	从上一个标注或选定标注的第二条尺寸界线处创建线性标注、角度标注或坐标标注
Dimdiameter	Ddi, Dimdia	“标注”菜单：“直径”	“标注”工具栏：	创建圆和圆弧的直径标注
Dimedit	Ded, Dimed		“标注”工具栏：	编辑标注
Dimjogged	Djo	“标注”菜单：“折弯”	“标注”工具栏：	

Dimlinear	Dli, Dimlin	“标注”菜单：“线性”	“标注”工具栏：	创建线性标注
Dimordinate	Dor, Dimord	“标注”菜单：“坐标”	“标注”工具栏：	创建坐标点标注
Dimoverride	Dov, Dimover	“标注”菜单：“替代”		替代尺寸标注系统变量
Dimradius	Dra, Dimrad	“标注”菜单：“半径”	“标注”工具栏：	创建圆和圆弧的半径标注
Dimreassociate		“标注”菜单：“重新关联标注”		将选定标注与几何对象相关联
Dimregen				更新所有关联标注的位置
Dimstyle	D,Ddim, Dst, Dimsty	“格式”菜单：“标注样式”	“标注”工具栏：	创建和修改标注样式
Dimtedit	Dimted	“标注”菜单：“对齐文字”	“标注”工具栏：	移动和旋转标注文字
Dist	Di	“工具”菜单：“查询”→“距离”	“查询”工具栏：	测量两点之间的距离和角度
Divide	Div	“绘图”菜单：“点”→“定数等分”		将点对象或块沿对象的长度或周长等间隔排列
Donut	Do	“绘图”菜单：“圆环”		绘制填充的圆和环
Draworder	Dr	“工具”菜单：“绘图顺序”	“绘图顺序”工具栏：	修改图像和其他对象的显示次序
Dsettings	Ds,rm,se	“工具”菜单：“草图设置”		指定捕捉模式、栅格、极轴捕捉追踪和对象捕捉追踪的设置
Dsviewer	av	“视图”菜单：“鸟瞰视图”		打开“瞰视图”口
Dview	Dv			定义平行投影或透视视图
Dwgprops		“文件”菜单：“图形特性”		设置和显示当前图形的特性
Dxbin		“插入”菜单：“二进制图形交换”		输入特殊编码的二进制文件

E				
命令	简化命令	菜单输入	工具栏输入	功能
Eattedit		“修改”菜单：“对象”→“属性”→“单选”	“修改Ⅱ”工具栏：	在块参照中编辑属性
Eattext		“工具”菜单：“属性提取”	“修改Ⅱ”工具栏：	将块属性信息输出至外部文件
Edge		“绘图”菜单：“建模”→“网格”→“边”		修改三维面的边缘可见性
Edgesurf		“绘图”菜单：“建模”→“网格”→“边界网格”		创建成三维多边形网格
Elev				设置新对象的标高和拉伸厚度

Ellipse	El	“绘图”菜单：“椭圆”	“绘图”工具栏：	创建椭圆或椭圆弧
Erase	E	“修改”菜单：“删除”	“修改”工具栏：	从图形中删除对象
Explode	X	“修改”菜单：“分解”	“修改”工具栏：	将合成对象分解成它的部件对象
Export	Exp	“文件”菜单：“输出”		以其他文件格式保存对象
Extend	Ex	“修改”菜单：“延伸”	“修改”工具栏：	延伸对象以和另一对象相接
External-references		“插入”菜单：“外部参照”	“参照”工具栏：	插入外部参照
Extrude	Ext	“绘图”菜单：“建模”→“拉伸”	“建模”工具栏：	通过拉伸现有二维对象来创建唯一实体原型

F

命令	简化命令	菜单输入	工具栏输入	功能
Field		“插入”菜单：“字段”		创建带字段的多行文字对象
Fill				控制诸如图案填充、二维实体和宽多段线等对象的填充
Fillet	F	“修改”菜单：“圆角”	“修改”工具栏：	给对象的边加圆角
Filter	Fi			为对象选择创建重复使用的过滤器
Find		“编辑”菜单：“查找”		查找、替换、选择或缩放指定的文字

G

命令	简化命令	菜单输入	工具栏输入	功能
Graphscr				从文本窗口切换到绘图区域
Grid		状态栏：“栅格“		在当前窗口中显示点栅格
Group	G			创建和处理已保存的对象集(称为编组)

H

命令	简化命令	菜单输入	工具栏输入	功能
Hatch	-H	“绘图”菜单：“图案填充”	“绘图”工具栏：	用无关联填充图案填充区域
Hatchedit	He	“修改”菜单：“对象”→“图案填充”	“修改Ⅱ”工具栏：	修改现有的图案填充对象
Helix		“绘图”菜单：“螺旋”	“建模”工具栏：	创建二维螺旋或三维螺旋
Help		“帮助”菜单：“帮助”	“标准”工具栏：	显示帮助

Hide	Hi	“视图”菜单：“消隐”	“渲染”工具栏：	重生成三维模型时不显示隐藏线
Hlsettings				改变隐藏线的显示特性
Hyperlink				附着超级链接到对象或修改现有的超级链接

I				
命令	简化命令	菜单输入	工具栏输入	功能
Id		“工具”菜单：“查询”→“点坐标”		显示某点位置的坐标
Image	Im	“插入”菜单：“外部参照”	“参照”工具栏：	管理图像
Imageadjust	Iad	“修改”菜单：“对象”→“图像”→“调整”	“参照”工具栏：	控制选定图像显示的亮度、对比度和褪色度值
Imageattach	Iat	“插入”菜单：“光栅图像”	“参照”工具栏：	将新的图像附着在当前图形中
Imageclip	Icl	“修改”菜单：“剪裁”→“图像”	“参照”工具栏：	为图像对象创建新的剪裁边界
Imageframe		“修改”菜单：“对象”→“图像”→“边框”	“参照”工具栏：	控制图像边框在视图中显示还是隐藏
Imagequality		“修改”菜单：“对象”→“图像”→“质量”	“参照”工具栏：	控制图像的显示质量
Import	Imp		“插入”工具栏：	将各种格式的文件输入到 AutoCAD 中
Insert	ddi-nsert, i	“插入”菜单：“块”	“插入”工具栏：	将在 DESIGNXML 文件中指定的图形、命名块或对象放置到当前图形
Insertobj	Io	“插入”菜单：“OLE 对象”	“插入”工具栏：	插入链接对象或内嵌对象
Interfere	Inf	“修改”菜单：“三维操作”→“干涉检查”		用两个或多个三维实体的公用部分创建三维组合实体
Intersect	In	“修改”菜单：“实体编辑”→“交集”	“建模”工具栏：	从两个或多个实体或面域的交集创建组合实体或面域并删除交集以外的部分
Isoplane				指定当前等轴测平面

J				
命令	简化命令	菜单输入	工具栏输入	功能
Join	J	“修改”菜单：“合并”	“修改”工具栏：	将对象合并以形成一个完整的对象
Jpgout				保存选定的对象到一个 JPEG 格式的文件
Justifytext		“修改”菜单：“对正文字”	“文字”工具栏：	修改选定文字对象的对正点而不改变其位置

L				
命令	简化命令	菜单输入	工具栏输入	功能
Layer	la,ddl-modes	“格式”菜单：“图层”	“图层”工具栏：	管理图层和图层特性
Layerp			“图层”工具栏：	放弃对图层设置所做的上一个或一组修改
Layerpmode				打开或关闭对图层设置所做的修改追踪
Layfrz		“格式”菜单：“图层工具”→“图层冻结”	“图层Ⅱ”工具栏：	冻结选定对象所在的图层
Layiso		“格式”菜单：“图层工具”→“图层隔离”	“图层Ⅱ”工具栏：	隔离选定对象所在的图层以关闭其他所有图层
Aylck		“格式”菜单：“图层工具”→“图层锁定”	“图层Ⅱ”工具栏：	锁定选定对象所在的图层
Laymch		“格式”菜单：“图层工具”→“图层匹配”	“图层Ⅱ”工具栏：	更改选定对象所在的图层，以使其匹配目标图层
Laymcur		“格式”菜单：“图层工具”→“将对象的图层置为当前”	“图层Ⅱ”工具栏：	
Laymrg		“格式”菜单：“图层工具”→“图层合并”		将选定的图层合并到目标图层
Layoff		“格式”菜单：“图层工具”→“图层关闭”	“图层Ⅱ”工具栏：	关闭选定对象所在的图层
Layon		“格式”菜单：“图层工具”→“打开所有图层”		打开所有图层
Layout		“插入”菜单：“布局”	“布局”工具栏：	创建并修改图形布局选项卡
Layout-wizard		“插入”菜单：“布局”→“布局向导” “工具”菜单：“向导”→“创建布局”		创建新的布局选项卡并指定页面和打印设置
Laythw		“格式”菜单：“图层工具”>“解冻所有图层”		解冻所有图层
Laytrans		“工具”菜单：“CAD标准”→“图层转换器”	“CAD标准”工具栏：	将图形的图层修改为指定的图层标准
Lengthen	Len	“修改”菜单：“拉长”		修改对象的长度和圆弧的包含角
Limits		“格式”菜单：“图形界限”		在当前的模型或布局选取项卡中，设置并控制图形边界和栅格显示的界限
Line	L	“绘图”菜单：“直线”	“绘图”工具栏：	创建直线段
Linetype	Lt,Ltype,ddltype	“格式”菜单：“线型”		加载、设置和修改线型
List	Li, Ls	“工具”菜单：“查询”→“列表”	“查询”工具栏：	显示选定对象的数据库信息
Logfileon				将文本窗口中的内容写入文件

Ltscale	lts			设置全局线型比例因子
Lweight	Lw,Line-weight	“格式”菜单：“线宽”		设置当前线宽、线宽显示选项和线宽单位

M

命令	简化命令	菜单输入	工具栏输入	功能
Massprop		“工具”菜单：“查询”→“面域/质量特性”	“查询”工具栏：	计算面域或实体的质量特性
Matchprop	Ma	“修改”菜单：“特性匹配”	“标准”工具栏：	将选定对象的特性应用到其他对象
Measure	Me	“绘图”菜单：“点”→“定距等分”		将点对象或块按指定的间距放置在对象上
Menu				加载菜单文件
Minsert				在矩形阵列中插入一个块的多重引用
Mirror	Mi	“修改”菜单：“镜像”	“修改”工具栏：	创建对象的镜像副本
Mirror3d				创建相对于某一平面的镜像对象
Mledit		“修改”菜单：“对象”→“多线”		编辑多重平行线
Mline	Ml	“绘图”菜单：“多线”		创建多重平行线
Mlstyle		“格式”菜单：“多线样式”		定义多重平行线的样式
Model				从布局选项卡切换到模型选项卡
Move	M	“修改”菜单：“移动”	“修改”工具栏：	在指定方向上按指定距离移动对象
Mredo			“标准”工具栏：	恢复前面几个用UNDO或U命令放弃的效果
Mspace	Ms			从图纸空间切换到模型空间视口
Mtext	t, Mt	“绘图”菜单：“文字”→“多行文字”	“绘图”工具栏：	创建多行文字
Multiple				重复下一条命令直到被取消
Mview	Mv	“视图”菜单：“视口”→“一个视口”/“两个视口”/“三个视口”/“四个视口”		创建并控制布局视口

N

命令	简化命令	菜单输入	工具栏输入	功能
New		“文件”菜单：“新建”		创建新的图形文件

O				
命令	简化命令	菜单输入	工具栏输入	功能
Offset	O	“修改”菜单：“偏移”	“修改”工具栏：	创建同心圆、平行线和平行曲线
Olelinks		“编辑”菜单：“OLE 链接”		更新、改变和取消现有的 OLE 链接
Olescale				控制选定的 OLE 对象的大小、比例和其他特性
Oops				恢复删除的对象
Open		“文件”菜单：“打开”	“标准”工具栏：	打开现有的图形文件
Options	ddgrips, gr,Op,pr	“工具”菜单：“选项”		自定义 AutoCAD 设置
Ortho			状态栏：“正交”	限制光标在正交模式下移动
Osnap	ddosnap, Os	“工具”菜单：“草图设置”	“对象捕捉”工具栏：	设置执行对象捕捉模式

P				
命令	简化命令	菜单输入	工具栏输入	功能
Pagesetup		“文件”菜单：“页面设置管理器”		为每个新布局指定打印设备、图纸尺寸和设置
Pan	P	“视图”菜单：“平移”→“实时”	“标准”工具栏：	在当前视口中移动视图
Partiaload		“文件”菜单：“局部加载”		向局部打开的图形中加载附加几何图形
Partialopen				将选定视图或图层的几何图形加载到图形中
Pasteblock		“编辑”菜单：“粘贴为块”		将复制对象粘贴为块
Pasteclip		“编辑”菜单：“粘贴”	“标准”工具栏：	插入剪贴板数据
Pasteorig		“编辑”菜单：“粘贴到原坐标”		使用原图形的坐标将复制的对象粘贴到新图形中
Pastespec	Pa	“编辑”菜单：“选择性粘贴”		插入剪贴板数据并控制数据格式
Pcinwizard		“工具”菜单：“向导”→“输入打印设置”		显示向导，将 PCP 和 PC2 配置文件中的打印设置输入到模型选项卡或当前布局中
Pedit	Pe	“修改”菜单：“对象”→“多段线”	“修改Ⅱ”工具栏：	编辑多段线和三维多边形网格
Pface				逐点创建三维多面网格
Plan		“视图”菜单：“三维视图”→“平面视图”		显示指定用户坐标系的平面视图

Pline	pl	“绘图”菜单：“多段线”	“绘图”工具栏：	创建二维多段线
Plot	Print	“文件”菜单：“打印”	“标准”工具栏：	将图形打印到绘图仪、打印机或文件
Plotstamp				在每一个图形的指定角放置打印戳记并将其记录到文件中
Plotstyle				设置新对象的当前打印样式或指定选定对象的打印样式
Plotter-manager		“文件”菜单：“绘图仪管理器”		显示“打印机管理器”，从中可以添加或编辑打印机配置
Pngout				保存选定的对象到 PNG(便携式网络图形)格式的文件
Point	Po	“绘图”菜单：“点”	“绘图”工具栏：	创建点对象
Polygon	Pol	“绘图”菜单：“正多边形”	“绘图”工具栏：	创建闭合的等边多段线
Polysolid		“绘图”菜单：“建模”→“多段体”	“建模”工具栏：	用户可以将现有直线、二维多线段、圆弧或圆转换为具有矩形轮廓的实体
Presspull			“建模”工具栏	按住或拖动有限区域
Preview	Pre	“文件”菜单：“打印预览”	“标准”工具栏：	显示打印图形的效果
Properties	ch, mo, Props	“工具”菜单：“选项板”→“特性”	“标准”工具栏：	控制现有对象的特性
Psetupin				将用户定义的页面设置输入到新的图形布局中
Pspace	Ps			从模型空间视口切换到图纸空间
Pyblish		“文件”菜单：“发布”	“标准”工具栏：	创建多页图形集以发布到一个单独的多页 DWF 文件、一个打印设备或是一个打印文件
Publish-toweb		“文件”菜单：“网上发布”		创建包括选定图形的图像的 HTML 页面
Purge	Pu	“文件”菜单：“绘图实用程序”→“清理”		删除图形中未使用的命名项目，例如块定义和图层

Q				
命令	简化命令	菜单输入	工具栏输入	功能
Qdim		“标注”菜单：“快速标注”	“标注“工具栏：	快速创建标注
Qleader	le	“标注”菜单：“引线”	“标注”工具栏：	创建引线和引线注释
Qnew			“标准“工具栏：	使用默认图形样板文件的选项开始一张新图

Qsave		“文件”菜单：“保存”	“标准”工具栏：	用“选项”对话框中指定的文件格式保存当前图形
Qselect		“工具”菜单：“快速选择”		基于过滤条件创建选择集
Qtext		“工具”菜单：“选项板”→“快速计算”	“标准”工具栏：	控制文字和属性对象的显示和打印
Quit	exit	“文件”菜单：“退出”		退出 AutoCAD

R				
命令	简化命令	菜单输入	工具栏输入	功能
Ray		“绘图”菜单：“射线”		创建单向无限长的直线
Recover		“文件”菜单：“绘图实用程序”→“修复”		修复损坏的图形
Rectang	Rec	“绘图”菜单：“矩形”	“绘图”工具栏：	绘制矩形多段线
Redefine				恢复被 UNDEFINE 忽略的 AutoCAD 内部命令
Redo		“编辑”菜单：“重做”	“标准”工具栏：	撤销前面的 UNDO 或 U 命令的效果
Redraw	R			刷新当前视口中的显示
Redrawall	Ra	“视图”菜单：“重画”		刷新所有视口中的显示
Refedit		“工具”菜单：“在位编辑外部参照和块”→“在位编辑参照”	“参照编辑”工具栏：	选择要编辑的参照
Refset		“工具”菜单：“在位编辑外部参照和块”→“添加到工作集”或“在位编辑外部参照和块”→“从工作集删除”	“参照”工具栏：	在位编辑参照(外部参照或块)期间，向工作集添加对象或从工作集内删除对象
Regen	Re	“视图”菜单：“重生成”		从当前视口重生成整个图形
Regenall	Rea	“视图”菜单：“全部重生成”		重生成图形并刷新所有视口
Regenauto				控制图形的自动重生成
Region	Reg	“绘图”菜单：“面域”	“绘图”工具栏：	转换一个对象，该对象将一块区域封闭到面域对象中
Rename	Ren	“格式”菜单：“重命名”		修改对象名
Render	Rr	“视图”菜单：“渲染”→“渲染”	“渲染”工具栏：	创建三维线框或实体模型的相片级真实感渲染图或实体模型渲染图
Rendercrop				选择图像中要进行渲染的特定区域(修剪窗口)
Renderenvironment		“视图”菜单：“渲染”→“渲染环境”	“渲染”工具栏：	
Renderpresets		“视图”菜单：“渲染”→“高级渲染设置”→“选	“渲染”工具栏：	指定渲染预设和可重复使用的渲染参数来渲染图像

		择渲染预设”→“管理渲染预设”		
Resetblock		快捷菜单在图形中选择一个动态块参照。在绘图区域中单击鼠标右键。单击“重置块”		将一个或多个动态块参照重置为块定义的默认值
Revcloud		“绘图”菜单：“修订云线”	“绘图”工具栏：	创建由连续圆弧组成的多段线以构成云线形
Revolve	Rev	“绘图”菜单：“建模”→“旋转”	“建模”工具栏：	通过绕轴旋转二维对象来创建实体
Revsurf		“绘图”菜单：“建模”→“网格”→“旋转网格”		创建围绕选定轴旋转而成的旋转曲面
Rotate	Ro	“修改”菜单：“旋转”	“修改”工具栏：	绕基点转动对象
Rpref	Rpr	“视图”菜单：“渲染”→“高级渲染设置”	“渲染”工具栏：	设置渲染系统配置
Rulesurf		“绘图”菜单：“建模”→“网格”→“直纹网格”		在两条曲线间创建直纹曲面

S				
命令	简化命令	菜单输入	工具栏输入	功能
Save				用当前或指定文件名保存图形
Saveas		“文件”菜单：“另存为”		以新文件名保存当前图形的副本
Saveimg		“工具”菜单：“显示图像”→“保存”		用文件保存渲染图像
Scale	Sc	“修改”菜单：“缩放”	“修改”工具栏：	在 *X*、*Y* 和 *Z* 方向按比例放大或缩小对象
Scaletext		“修改”菜单：“对象”→“文字”→“比例”	“文字”工具栏：	放大或缩小文字对象，而不改变它们的位置
Section	Sec			用剖切平面和实体截交创建面域
Select				将选定对象置于“上一个”选择集内
Setuv				将材质贴图到对象上
Setvar	Set	“工具”菜单：“查询”→“设置变量”		列出系统变量或修改变量值
Sheetset		“工具”菜单：“选项板”→“图纸集管理器”	“标准”工具栏：	打开图纸集管理器
Sheetsethide		“工具”菜单：“选项板”→“图纸集管理器”		关闭“图纸集管理器”
Sigvalidate				显示附加在一个文件上的数字签名的有关信息

Sketch				创建一系列徒手画线段
Slice	Sl	“修改”菜单：“三维操作”→“剖切”		用平面剖切一组实体
Snap	Sn		状态栏：捕捉	规定光标按指定的间距移动
Solid		“绘图”菜单：“建模”→“网格”→“二维实体”		创建实体填充的三角形和四边形
Solidedit		“修改”菜单：“实体编辑”		编辑三维实体对象的面和边
Solprof		“绘图”菜单：“建模”→“设置”→“轮廓”		在图纸空间创建三维实体的轮廓图像
Solview		“绘图”菜单：“建模”→“设置”→“视图”		在布局中使用正投影法创建浮动视口来生成三维实体及体对象的多面视图与剖视图
Spacetrans			“文字”工具栏：	在模型空间和图纸空间之间转换长度值
Spell	Sp	“工具”菜单：“拼写检查”		检查图形中的拼写
Sphere		“绘图”菜单：“建模”→“球体”	“建模”工具栏：	创建三维实体球体
Spline	Spl	“绘图”菜单：“样条曲线”	“绘图”工具栏：	创建非均匀有理B样条曲线(NURBS)
Splinedit	Spe	“修改”菜单：“对象”→“样条曲线”	“修改Ⅱ”工具栏：	编辑样条曲线或样条曲线拟合多段线
Standards		“工具”菜单：“CAD 标准”→“配置”	“CAD 标准”工具栏：	管理标准文件与 AutoCAD 图形之间的关联性
Stats		“视图”菜单：“渲染”→“统计信息”	“渲染”工具栏：	显示渲染统计信息
Status		“工具”菜单：“查询”→“状态”		显示图形统计信息、模式及范围
Stlout				将实体保存到 ASCII 或二进制文件中
Stretch	S	“修改”菜单：“拉伸”	“修改”工具栏：	移动或拉伸对象
Style	St	“格式”菜单：“文字样式”	“文字”工具栏：	创建、修改或设置命名文字样式
Styles-manager		“文件”菜单：“打印样式管理器”		显示“打印样式管理器”
Subtract	Su	“修改”菜单：“实体编辑”→“差集”	“建模”工具栏：	通过减操作合并选定的面域或实体
Sweep		“绘图”菜单：“建模”→“扫掠”	“建模”工具栏：	

T				
命令	简化命令	菜单输入	工具栏输入	功能
Table		“绘图”菜单：“表格”	“绘图”工具栏：	在图形中创建空白表格对象
Tabledit				编辑表格单元中的文字
Tablestyle		“格式”菜单：“表格样式”	“样式”工具栏：	定义新的表格样式
Tabsurf		“绘图”菜单：“建模”→“网格”→“平移网格”		沿轮廓曲线和方向矢量创建平移曲面
Text		“绘图”菜单：“文字”→“单行文字”	“文字”工具栏：	创建单行文字对象
Textscr		“视图”菜单：“显示”→“文本窗口”		打开 AutoCAD 文本窗口
Tifout				保存选定的对象到一个 tif 格式的文件
Time		“工具”菜单：“查询”→“时间”		显示图形的日期和时间统计信息
Tolerance	tol	“标注”菜单：“公差”	“标注”工具栏：	创建形位公差
Toolbar	to	“视图”菜单：“工具栏”		显示、隐藏和自定义工具栏
Toolpalettes		“工具”菜单：“选项板”→“工具选项板”	“标准”工具栏：	打开“工具选项板”窗口
Toolpalettes-close		“工具”菜单：“选项板”→“工具选项板窗口”		关闭“工具选项板”窗口
Torus	tor	“绘图”菜单：“建模”→“圆环体”	“建模”工具栏：	创建圆环形实体
Transparency		“修改”菜单：“对象”→“图像”→“透明”	“参照”工具栏：	控制图像的背景像素是否透明
Trim	tr	“修改”菜单：“修剪”	“修改”工具栏：	用由其他对象定义的剪切边修剪对象

U				
命令	简化命令	菜单输入	工具栏输入	功能
U			“标准”工具栏：	撤销最近一次操作
UCS		“工具”菜单：“新建UCS”	“UCS”工具栏：	管理用户坐标系
Ucsicon		“视图”菜单：“显示”→“UCS 图标”		控制 UCS 图标的可见性和位置
Ucsman		“工具”菜单：“命名UCS”	“UCS”工具栏：	管理已定义的用户坐标系

Undo	U		“标准”工具栏：	撤销命令的效果
Union	Uni	“修改”菜单：“实体编辑”→“并集”	“建模”工具栏：	通过附加将选定的面域或实体结合起来

V

命令	简化命令	菜单输入	工具栏输入	功能
Vbaide		“工具”菜单：宏→Visual Basic 编辑器		显示 Visual Basic 编辑器
Vbaload		“工具”菜单：宏→加载工程		将全局 Vba 工程加载到当前 AutoCAD 任务中
Vbaman		“工具”菜单:宏→Vba 管理器		加载、卸载、保存、创建、嵌入和提取 Vba 工程
Vbarun		“工具”菜单：“宏”→“宏”		运行 Vba 宏
Vbastmt				在 AutoCAD 命令行执行 Vba 语句
Vbaunload				卸载全局 Vba 工程
View	ddview, V	“视图”菜单：“命名视图”		保存和恢复命名视图
Viewres				设置当前视口中对象的分辨率
Vlisp		“工具”菜单：“AutoLisp”→“Visual Lisp 编辑器”		显示 Visual Lisp 交互式开发环境(IDE)
Vpclip				剪裁视口对象
Vplayer				设置视口中图层的可见性
Vpoint	-Vp	“视图”菜单：“三维视图”→“视点”		设置图形的三维直观观察方向
Vports		“视图”菜单：“视口”	“布局”工具栏：	创建多个平铺视口
Vslide				在当前视口中显示图像幻灯文件

W

命令	简化命令	菜单输入	工具栏输入	功能
Wblock	W			将对象或块写入新的图形文件或新的 Designxml 文件
Wedge	We	“绘图”菜单：“建模”→“楔体”	“建模”工具栏：	创建三维实体并使其倾斜面沿 X 轴方向
Wipeout		“绘图”菜单：“区域覆盖”		用空白区域覆盖存在的对象
Wmfin		“插入”菜单：“Windows 图元文件”		输入 Windows 图元文件
Wmfout				将对象保存到 Windows 图元文件
Workspace				创建、修改和保存工作空间，并将其设置为当前工作空间

X				
命令	简化命令	菜单输入	工具栏输入	功能
Xattach	Xa	“插入”菜单：“外部参照”	“参照”工具栏：	将外部参照附着到当前图形
Xbind	Xb	“修改”菜单：“对象”→“外部参照”→“绑定”	“参照”工具栏：	将外部参照依赖符号绑定到当前图形中
Xclip	Xc		“参照”工具栏：	定义外部参照或块剪裁边界，并且设置前剪裁面和后剪裁面
Xline	Xl	“绘图”菜单：“构造线”	“绘图”工具栏：	创建无限长的直线(即参照线)
Xopen				在新窗口中打开选定的外部参照
Xplode				将合成对象分解成它的部件对象
Xref	Xrz			控制图形文件的外部参照

Z				
命令	简化命令	菜单输入	工具栏输入	功能
Zoom	z	“视图”菜单：“缩放”	“标准”工具栏：	放大或缩小当前视口中对象的外观尺寸

附录Ⅲ　常用系统变量列表

序号	变量名称	变量说明	类型	初始值
1	ANGBASE	相对于当前 UCS 将基准角设置为 0 度	实数	0.0000
2	ANGDIR	设置正角度的方向；从相对于当前 UCS 方向的 0 角度测量角度值。0.逆时针；1.顺时针	整数	0
3	APBOX	打开或关闭 AutoSnap 靶框。当捕捉对象时，靶框显示在十字光标的中心。0.不显示靶框；1.显示靶框	整数	0
4	AUNITS	设置角度单位：0.十进制度数 1.度/分/秒；2.百分度；3.弧度；4.勘测单位	整数	0
5	AUTOSNAP	0.关(自动捕捉)；1.开；2.开提示；4.开磁吸；8.开极轴追踪；16.开捕捉追踪；32.开极轴追踪和开捕捉追踪提示	整数	47
6	BLIPMODE	控制点标记是否可见。0.关闭;1.打开	整数	0
7	CECOLOR	设置新对象的颜色。有效值包括 BYLAYER、BYBLOCK 以及从 1 到 255 的整数	字符串	“BYLAYER”
8	CELTSCALE	设置当前对象的线型比例因子	实数	1.0000
9	CELTYPE	设置新对象的线型	字符串	“BYLAYER”
10	CELWEIGHT	设置新对象的线宽：1.线宽为“BYLAYER”；2.线宽为“BYBLOCK”；3.线宽为“DEFAULT”	整数	–1
11	CHAMFERA	设置第一个倒角距离	实数	0.0000
12	CHAMFERB	设置第二个倒角距离	实数	0.0000
13	CHAMFERC	设置倒角长度	实数	0.0000
14	CHAMFERD	设置倒角角度	实数	0.0000
15	CHAMMODE	创建倒角的输入方法：0.需要两个倒角距离；1.需要一个倒角距离和一个角度	整数	0
16	CLAYER	设置当前图层	字符串	“0”
17	CMLJUST	指定多线对正方式：0.上；1.中间；2.下	整数	0
18	CMLSCALE	控制多线的全局宽度	实数	1.0000
19	CMLSTYLE	设置 AutoCAD 绘制多线的样式	字符串	“STANDARD”
20	CURSORSIZE	按屏幕大小的百分比确定十字光标的大小	整数	5
21	DATE	存储当前日期和时间	实数	只读
22	DIMASZ	控制尺寸线、引线箭头的大小	实数	2.5000

序号	变量名称	变量说明	类型	初始值
23	DIMBLK	设置尺寸线或引线末端显示的箭头块	字符串	“ ”
24	DIMCLRD	为尺寸线、箭头和标注引线指定颜色。同时控制由 LEADER 命令创建的引线颜色	整数	0
25	DIMCLRE	为尺寸界线指定颜色	整数	0
26	DIMCLRT	为标注文字指定颜色	整数	0
27	DIMDEC	设置标注主单位显示的小数位位数。精度基于选定的单位或角度格式	整数	2
28	DIMDLI	控制基线标注中尺寸线的间距	实数	3.7500
29	DIMEXE	指定尺寸界线超出尺寸线的距离	实数	1.250
30	DIMEXO	指定尺寸界线偏移原点的距离	实数	0.6250
31	DIMGAP	当尺寸线分成段以在两段之间放置标注文字时，设置标注文字周围的距离	实数	0.6250
32	DIMJUST	控制标注文字的水平位置	整数	0
33	DIMLFAC	设置线性标注测量值的比例因子	实数	1.0000
34	DIMLUNIT	为所有标注类型(除角度标注外)设置单位制	整数	2
35	DIMLWD	指定尺寸线的线宽。其值是标准线宽。–3．BYLAYER –2．BYBLOCK 整数代表百分之一毫米的倍数	整数	–2
36	DIMLWE	指定尺寸界线的线宽。其值是标准线宽。–3. BYLAYER –2. BYBLOCK 整数代表百分之一毫米的倍数	整数	–2
37	DIMSCALE	为标注变量(指定尺寸、距离或偏移量)设置全局比例因子。同时还影响 LEADER 命令创建的引线对象的比例	实数	1.0000
38	DIMTMOVE	设置标注文字的移动规则	整数	0
39	DIMTOFL	控制是否将尺寸线绘制在尺寸界线之间(即使文字放置在尺寸界线之外)	开关	ON
40	DIMTOL	将公差附在标注文字之后。将 DIMTOL 设置为“开”，将关闭 DIMLIM 系统变量	开关	OFF
41	DIMTP	在 DIMTOL 或 DIMLIM 系统变量设置为开的情况下，为标注文字设置最大(上)偏差。DIMTP 接受带符号的值	实数	0.0000
42	DIMTSZ	指定线性标注、半径标注以及直径标注中替代箭头的小斜线尺寸	实数	0.0000
43	DIMTXSTY	指定标注的文字样式	字符串	“STANDARD”
44	DIMTXT	指定标注文字的高度，除非当前文字样式具有固定的高度	实数	2.5000
45	DISPSILH	控制“线框”模式下实体对象轮廓曲线的显示，并控制在实体对象被消隐时是否绘制网格	整数	0

序号	变量名称	变量说明	类型	初始值
46	DISTANCE	存储 DIST 命令计算的距离	实数	只读
47	EDGEMODE	控制 TRIM 和 EXTEND 命令确定边界的边和剪切边的方式	整数	0
48	FACETRES	调整着色对象和渲染对象的平滑度，对象的隐藏线被删除。有效值为 0.01 到 10.0	实数	0.5000
49	FILLETRAD	存储当前的圆角半径	实数	0.0000
50	GFANG	指定渐变填充的角度。有效值为 0 到 360 度	整数	0
51	GFNAME	指定一个渐变填充图案。有效值为 1 到 9	整数	1
52	GRIDMODE	指定打开或关闭栅格。0.关闭栅格；1.打开栅格	整数	0
53	GRIDUNIT	指定当前视口的栅格间距(*X* 和 *Y* 方向)	坐标值	10.0000, 10.0000
54	GRIPCOLOR	控制未选定夹点的颜色。有效取值范围为 1 到 255	整数	160
55	GRIPHOT	控制选定夹点的颜色。有效取值范围为 1 到 255	整数	1
56	GRIPHOVER	控制当光标停在夹点上时其夹点的填充颜色。有效取值范围为 1 到 255	整数	3
57	GRIPS	控制"拉伸"、"移动"、"旋转"、"缩放"和"镜像夹点"模式中选择集夹点的使用	整数	1
58	GRIPSIZE	以像素为单位设置夹点方框的大小。有效的取值范围为 1 到 255	整数	5
59	GRIPTIPS	控制当光标在支持夹点提示的自定义对象上面悬停时，其夹点提示的显示	整数	1
60	HIDETEXT	指定在执行 HIDE 命令的过程中是否处理由 TEXT、DTEXT 命令或 MTEXT 命令创建的文字对象	开关	ON
61	HPASSOC	控制图案填充和渐变填充是否关联	整数	1
62	HPNAME	设置默认填充图案，其名称最多可包含 34 个字符，其中不能有空格	字符串	"ANS131"
63	HPSCALE	指定填充图案的比例因子，其值不能为零	实数	1.0000
64	HPSPACE	为用户定义的简单图案指定填充图案的线间隔，其值不能为零	实数	1.0000
65	ISAVEBAK	控制备份文件(BAK)的创建	整数	1
66	ISOLINES	指定对象上每个面的轮廓线的数目	整数	4
67	LTSCALE	设置全局线型比例因子。线型比例因子不能为零	实数	1.0000
68	LUNITS	设置线性单位。1.科学；2.小数；3.工程；4. 建筑; 5.分数	整数	2
69	LUPREC	设置所有只读线性单位和可编辑线性单位(其精度小于或等于当前 LUPREC 的值)的小数位位数	整数	4
70	MIRRTEXT	控制 MIRROR 命令影响文字的方式。0=保持文字方向；1=镜像显示文字	整数	0

序号	变量名称	变量说明	类型	初始值
71	ORTHOMODE	限制光标在正交方向移动。0=非正交；1=正交	整数	0
72	PDMODE	控制如何显示点对象	整数	0
73	PDSIZE	设置显示的点对象大小	实数	0.0000
74	PICKDRAG	控制绘制选择窗口的方式	整数	0
75	PICKFIRST	控制在发出命令之前(先选择后执行)还是之后选择对象	整数	1
76	PLINETYPE	指定 AutoCAD 是否使用优化的二维多段线	整数	2
77	PSTYLEPOLICY	控制对象的颜色特性是否与其打印样式相关联	整数	1
78	SNAPMODE	打开或关闭“捕捉”模式	整数	0
79	SNAPUNIT	设置当前视口的捕捉间距	坐标值	10.0000，10.0000
80	SURFTAB1	为 RULESURF 和 TABSURF 命令设置生成的列表数目	整数	6
81	SURFTAB2	为 REVSURF 和 EDGESURF 命令设置在 N 方向上的网格密度	整数	6
82	TEXTSIZE	设置以当前文本样式绘制的新文字对象的默认高度(当前文本样式具有固定高度时此设置无效)	实数	2.5000
83	TEXTSTYLE	设置当前文本样式的名称	字符串	“STANDARD”
84	TOOLTIPS	控制工具栏提示的显示：0.不显示工具栏提示；1.显示工具栏提示	整数	1
85	TRACEWID	设置宽线的默认宽度	实数	1.0000
86	TRACKPATH	控制显示极轴和对象捕捉追踪的对齐路径	整数	0
87	TRIMMODE	控制 AutoCAD 是否修剪倒角和圆角的选定边。0=不剪切；1=剪切	整数	1
88	TSPACEFAC	控制多行文字的行间距(按文字高度的比例因子测量)。有效值为 0.25 到 4.0	实数	1.0000
89	TSPACETYPE	控制多行文字中使用的行间距类型	整数	1
90	TSTACKALIGN	控制堆叠文字的垂直对齐方式	整数	1
91	TSTACKSIZE	控制堆叠文字分数的高度相对于选定文字的当前高度的百分比	整数	70
92	UCSICON	控制是否显示用户坐标系图标		ON
93	UNDOMARKS	保存 UNDO 命令标记的数量	整数	0
94	ZOOMFACTOR	数字越大,鼠标滑轮每次前后移动引起改变的增量就越多。有效值为 0 到 100	整数	60

参考文献

[1] 中华人民共和国建设部. GB/T 50001—2001 房屋建筑制图统一标准[S]. 北京：中国计划出版社，2002.

[2] 中华人民共和国建设部. GB/T 50103—2001 总图制图标准[S]. 北京：中国计划出版社，2002.

[3] 中华人民共和国建设部. GB/T 50104—2001 建筑制图标准[S]. 北京：中国计划出版社，2002.

[4] 中华人民共和国建设部. GB/T 50105—2001 建筑结构制图标准[S]. 北京：中国计划出版社，2002.

[5] 中华人民共和国建设部. GB/T 50106—2001 给水排水制图标准[S]. 北京：中国计划出版社，2002.

[6] 中华人民共和国建设部. SL 73—1995 水利水电工程制图标准[S]. 北京：中国水利水电出版社，1996.

[7] 中华人民共和国建设部. GB/T 18229—2000 CAD 工程制图规则[S]. 国家质量监督局，2001.

[8] 沈建华，李良训，等. 计算机绘图(初级)习题及上机实验指导[M]. 上海：同济大学出版社，2000.

[9] 甘登岱，王铮铮. AutoCAD 2007 全程自学手册[M]. 北京：电子工业出版社，2007.

[10] 高志清. AutoCAD 2007 建筑制图新手学堂[M]. 北京：机械工业出版社，2007.

[11] 杨月英，於辉. AutoCAD 2006 绘制建筑图[M]. 北京：中国建材工业出版社，2006.

[12] 薛焱，王新平. 中文版 AutoCAD 2008 基础教程[M]. 北京：清华大学出版社，2007.

[13] 陇源洁，徐科. AutoCAD 2002[M]. 上海：上海交通大学出版社，2003.

[14] 朱育万，卢传贤. 画法几何及土木工程制图[M]. 北京：高等教育出版社，2005.

[15] 王桂梅，冯秉超. 土木工程图读绘基础习题集[M]. 北京：高等教育出版社，2005.

[16] 杨玉艳，潘白桦. 画法几何及水利工程制图[M]. 北京：中国农业出版社，2007.

[17] 叶晓芹，林昌国. 给水排水工程制图[M]. 北京：高等教育出版社，1993.

[18] 王彦惠，李宗惠，骆中钊. 建筑工程施工读图常识[M]. 北京：化学工业出版社，2006.